高分子先端材料 One Point 7

燃料電池と高分子

高分子学会　編集

高分子学会燃料電池材料研究会　編著

共立出版

「高分子先端材料 One Point」編集委員会 (50音順)

編集委員長	川口春馬	慶應義塾大学理工学部
編集委員	伊藤耕三	東京大学大学院新領域創成科学研究科
	井上俊英	東レ(株)化成品研究所
	木村良晴	京都工芸繊維大学繊維学部
	小山珠美	昭和電工(株)研究開発センター
	関　隆広	名古屋大学大学院工学研究科
	畑中研一	東京大学生産技術研究所
	樋口亜紺	成蹊大学工学部
	吉田　亮	東京大学大学院工学研究科
	渡邉正義	横浜国立大学大学院工学研究院

複写される方へ

　本書の無断複写は著作権法上での例外を除き禁じられています。本書を複写される場合は、複写権等の行使の委託を受けている次の団体にご連絡ください。
〒107-0052　東京都港区赤坂 9-6-41　乃木坂ビル　(中法) 学術著作権協会
電話(03)3475-5618　　FAX(03)3475-5619　　E-mail：jaacc@mtd.biglobe.ne.jp

転載・翻訳など、複写以外の許諾は、高分子学会へ直接ご連絡下さい。

まえがき

この度,高分子学会燃料電池材料研究会の編著により『燃料電池と高分子』を,高分子先端材料 One Point シリーズの一巻として,発刊する運びとなりました.

この電池は,規模の大小にかかわらず一種のプラントであり,化学,物理などの基礎科学や電気,機械,情報処理などの基礎工学などを総合化したものです.特に,ここに取り上げた固体高分子形燃料電池 (PEFC) は,燃料電池車用,家庭コジェネレーション用,あるいは小型・携帯用電源として,いま,世界的に研究開発が加速されています.しかし,その広範な実用化を目ざすには,性能,信頼性,コストにおいて,クリアーすべき課題が山積しています.中でも,単電池のまん中に置かれた高分子電解質膜は,高イオン導電性,低反応物透過性,低加湿・高温作動性,高機械的強度といった材料物性に加え,格段の低コスト化が求められています.また,各単電池に燃料,酸化剤を供給すると同時に,それらの単電池を仕切りそれらを直列接合するセパレータも,大幅なコストダウンが求められています.カーボン/樹脂複合材は,それを可能にする重要な材料であります.その他,たとえば FRP は軽量高圧水素タンク材として使用され始めています.このように,高分子科学が燃料電池実用化に向けてのキーテクノロジー分野であることは疑う余地もありません.

上にも述べましたように,燃料電池は,各種科学・技術の"缶詰"であるため,他の材料との関係の中で高分子材料を考えることが必

要であります.たとえば,電極触媒です.PEFC(直接メタノール形燃料電池を含む)は,通常100℃以下で運転することから,現段階では白金などの貴金属触媒が不可欠です.性能・耐久性を確保しつつコストダウン(白金使用の低減 <1/10)が図れる高活性な新触媒の開発が,白金資源の確保と併せてきわめて重要です.しかし,永年これに携わってきた筆者には,言うは易く大変困難な課題というのが偽らざる実感です.もし作動温度の高温化を可能にする高分子電解質膜ができれば状況が一変する可能性があるわけです.燃料電池の実用化には柔道競技にたとえると,「一本勝ち」でなくとも「合わせ技」で解決するアプローチが,現実的ではないかと,筆者は考えています.

　本書は,材料,システムの研究・開発に携わる異分野の方々に対しては,燃料電池全体像の理解を助けるようにできるだけ平易に執筆することを心がけました.また同時に,各専門分野の方々に対しては,最新情報,最新解釈を提供することを心がけました.燃料電池に関心を持つ,また実際にその研究・開発に携わる研究者・技術者・学生,並びに一般の方々に,小書が役立つことを執筆者一同,期待致しております.

　本書の執筆にあたって,燃料電池材料研究会運営委員の各位には大変ご努力頂きました.取り分け,横浜国立大学の渡邉正義先生には,執筆のほか,内容のチェック,語調の統一など多大のご奉仕を頂きました.また,共立出版(株)の信沢孝一氏,國井和郎氏には,入稿から出版まで大変お世話になりました.ここに改めてお礼申し上げます.

2005年10月　　　　　　　　　　　　　著者代表　渡辺政廣

目　次

第 1 章　燃料電池の歴史と高分子　(渡邉正義)　　**1**
　1.1　はじめに 1
　1.2　燃料電池の誕生 2
　1.3　宇宙開発から電気自動車，そしてポータブル電源まで　5
　参考文献 10

第 2 章　燃料電池の原理　(宮武健治)　　**13**
　2.1　燃料電池の種類と特徴 13
　2.2　固体高分子形燃料電池の作動原理と構成材料 16
　2.3　固体高分子形燃料電池の熱力学 22

第 3 章　現状の問題と研究課題　(渡辺政廣)　　**27**
　3.1　なにが必要か 27
　3.2　各技術分野の具体的な研究課題 29
　3.3　今後の課題 35
　参考文献 35

第 4 章　パーフルオロ系高分子電解質膜　(吉武　優)　　**37**
　4.1　研究の歴史と現状 37
　4.2　パーフルオロスルホン酸膜の構造と特性 39
　4.3　燃料電池の耐久性 44
　4.4　新しいパーフルオロ系電解質膜 45

4.5 電極触媒被覆ポリマー材料 ... 48
参考文献 ... 48

第5章 炭化水素系高分子電解質膜 (宮武健治)　51
5.1 プロトン伝導性と安定性のトレードオフ関係への挑戦 ... 51
5.2 芳香族系高分子電解質膜 ... 52
5.3 部分フッ素化炭化水素高分子電解質膜 ... 59
5.4 その他の炭化水素系電解質膜 ... 60
5.5 これから何が必要か？ ... 61
参考文献 ... 62

第6章 無加湿形電解質膜 (渡邉正義)　63
6.1 研究の背景 ... 63
6.2 プロトンキャリヤーとしての水 ... 66
6.3 水以外のプロトンキャリヤー ... 69
6.4 非水系プロトン伝導体の高分子膜化 ... 74
6.5 低加湿あるいは無加湿条件下での燃料電池発電 ... 76
参考文献 ... 79

第7章 白金系電極触媒 (渡辺政廣・宮武健治)　81
7.1 燃料電池電極触媒の特性支配因子 ... 81
7.2 触媒固有の活性（比活性）の増大 ... 84
7.3 触媒比表面積の増大による性能向上 ... 97
参考文献 ... 101

第8章 錯体系電極触媒 (小柳津研一・西出宏之)　103
8.1 研究の背景 ... 103

8.2	錯体系触媒の分子設計	104
8.3	錯体系電極触媒の性能比較	109
8.4	酸素濃縮錯体	110
参考文献		111

第9章 周辺材料とシステム技術 (篠原和彦) 113

9.1	燃料電池自動車を実現するためには	113
9.2	システム構成	114
9.3	燃料電池スタックの周辺機器との関係	116
9.4	技術課題	120
9.5	おわりに	122
参考文献		122

索 引 123

第1章

燃料電池の歴史と高分子

1.1 はじめに

　最近「燃料電池（英語で Fuel Cell）」という言葉をよく耳にする．燃料電池が，あたかもエネルギー・環境問題を解決する旗印のように取り上げられ，学術雑誌だけではなく新聞や週刊誌なども賑わせている．しかし，「燃料電池とは何？　その原理は？」と聞かれると即座に明解に説明できる人は少ないかもしれない．また，最近の燃料電池では，高分子膜が非常に重要な役割を担っていることを知っている人も多くはないだろう．本書では「燃料電池と高分子」のかかわりを平易に解説したい[1-4]．

　燃料電池とは，燃料（水素やメタノールなど）を酸化剤（空気や酸素）によって燃焼させ熱エネルギーとする代わりに，燃料を電気化学的に反応させることにより，反応に伴うギブズエネルギー変化を直接電気エネルギーに変換するシステムである．普通の電池と異なるのは，燃料や酸化剤を燃料電池に連続的に供給することによってエネルギーを連続的に取り出せる点であり，燃料電池は電池というより発電機と考えたほうが良い．

　化石燃料の燃焼を用いたエネルギー変換システム，例えば火力発電やガソリンエンジンが我々の生活水準の向上に果たした役割は計り知れない．現在，電気のない生活，電車や車のない生活を受け入

れることは多くの人にとって不可能であろう．しかし，昨今のように世界規模の異常気象，森林の砂漠化などの問題を身近に感じることが多くなると，このままで良いのかという疑問に多くの人が遭遇しているのも事実であろう．今後，今のペースで化石燃料を消費し続ければいつかは枯渇するし，また排出ガスによる地球温暖化や酸性雨などの環境問題の深刻化は不可避である．より高効率でかつクリーンな代替エネルギー変換システムとして，燃料電池に注目が集まっている理由がここにある．また，燃料電池の代表的燃料である水素を水から自然エネルギーを用いて生産し，これを発電によって水に戻すといった，循環型水素エネルギー社会の構築なども提案されている．本章ではその歴史を振り返ることによって，燃料電池への理解を深めていくことにする．

1.2 燃料電池の誕生

燃料電池は 1839 年，英国のグローブによって発見された水素–酸素電池に端を発すると言われている．グローブは，硫酸水溶液に白金電極を 2 本入れて電流を流し，水の電気分解の実験をした．このときの典型的な電流–電圧曲線は**図 1.1** の右半分 (a) のようになり，電圧が $1.5\,\mathrm{V}$ を過ぎるころから急に電流が流れ出す．これは

カソード反応	$2\mathrm{H}^+ + 2\mathrm{e}^-$	$\rightarrow$	H_2
アノード反応	$\mathrm{H}_2\mathrm{O}$	$\rightarrow$	$2\mathrm{H}^+ + (1/2)\mathrm{O}_2 + 2\mathrm{e}^-$
全反応	$\mathrm{H}_2\mathrm{O}(l)$	$\rightarrow$	$\mathrm{H}_2(g) + (1/2)\mathrm{O}_2(g)$

なる反応が，ギブズエネルギー変化 $\Delta G^\circ = +237.13\,\mathrm{kJ/mol}$ の上り坂 (up hill) の反応（注：ギブズエネルギー変化が正の値ということは，外部からエネルギーを供給しないと自発的に進行しない反応を

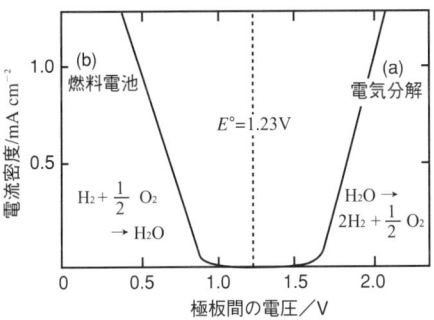

図 1.1 水（硫酸水溶液）の電気分解 (a) および水素-酸素燃料電池 (b) における電流-電圧曲線：熱力学的には $E° = 1.23\mathrm{V}$ で電気分解および燃料電池発電ができるはずであるが，電極反応速度が遅いことや硫酸水溶液の抵抗のために電気分解の電圧は理論値より高く，また燃料電池の起電力は理論値より低くなる．

意味する）で，電気分解という電気エネルギーの力を借りて進む反応だからである．このとき，電気分解に必要な最低電圧 $E°(\mathrm{V})$ と $\Delta G°$ の間には

$$E° = \Delta G°/nF \text{（電気分解反応のとき）}$$

なる関係が成り立ち（n は反応電子数で 2，F はファラデー定数で 96485 C/mol），$E°= 1.23$ V となる．実際に電気分解が起きて電流が流れ出す電圧とこの $E°$ の差は過電圧と呼ばれ，電極反応速度が遅くなればなるほど大きくなる．また，希硫酸の抵抗が大きければ大きいほど大きくなる．$E° = 1.23$ V は平衡論で導き出されているが，現実の反応は有限の速度で進むためにこのような過電圧が生じる．いずれにしても，この電気分解反応を進めて行くと，カソード側に水素ガスが，アノード側に酸素ガスが，2:1 の割合で貯まることになる．

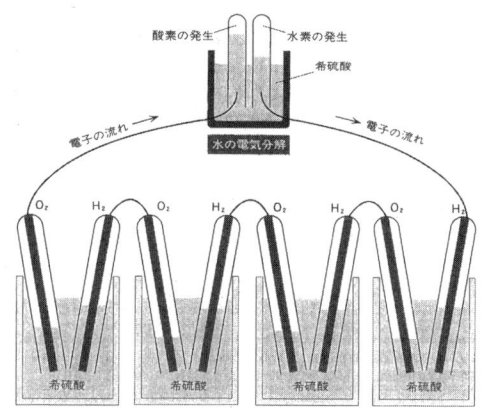

図 1.2 グローブ形燃料電池による水の電気分解：$H_2 + \frac{1}{2}O_2 \to H_2O$ のギブズエネルギー変化を用いて $H_2O \to H_2 + \frac{1}{2}O_2$ の反応を起こさせている．

　グローブは，電源を切って電極間の電圧を測定すると，1 V 弱の起電力があることを見いだした．そこでこれを図 1.2 に示すように直列に数個つないで，水を電気分解すると水素と酸素が発生することを見いだした．同時に電池として用いた電解槽では，水素と酸素の量が減少することを発見した．すなわち，水素と酸素から水ができる反応によって電気エネルギーが生成し，このエネルギーを使って水を水素と酸素に電気分解したことを示している．このときの電池反応は電気分解とはちょうど逆で

$$H_2(g) + (1/2)O_2(g) \quad \to \quad H_2O(l) \quad \Delta G° = -237\,\text{kJ/mol}$$

の反応のギブズエネルギー変化を電気エネルギーに変換したことになる．このとき，電池の最大起電力 $E°(V)$ と $\Delta G°$ の間には

$$E° = -\Delta G°/nF \;(\text{電池反応のとき})$$

なる関係が成り立つ．実際の起電力が 1.23 V にならないのも先ほどと同様に，電極反応速度が遅かったり，電解質である希硫酸の抵抗が大きかったりすることによる（図 1.1(b)）．すなわち，以下に示すように水の電解反応とまったく逆の反応が水素–酸素燃料電池では起きていることになる．

アノード反応	H_2	$\rightarrow$	$2H^+ + 2e^-$
カソード反応	$2H^+ + (1/2)O_2 + 2e^-$	$\rightarrow$	H_2O
全反応	$H_2(g) + (1/2)O_2(g)$	$\rightarrow$	$H_2O(l)$

この有名な実験が水素–酸素燃料電池の誕生と考えられており，グローブ形燃料電池と呼ばれている．その後，約半世紀にわたって，水素以外の燃料などを用い原理の正しさを確かめる研究が行われた．さらに 20 世紀の前半には硫酸以外の電解質を用いたり，温度や圧力を上げるなどして，実用的な電流を取り出す工夫がなされた．

1.3 宇宙開発から電気自動車，そしてポータブル電源まで

20 世紀半ばになり燃料電池が再び宇宙開発の中で注目を集めた．それは燃料電池が電気エネルギーと同時に水を供給できる（水素–酸素燃料電池での生成物は水のみ）システムであるからである．1965 年にはアメリカのジェミニ 5 号の電源に GE（ジェネラルエレクトリック）社の固体高分子形燃料電池 (PEFC: Polymer Electrolyte Fuel Cell または PEMFC: Polymer Electrolyte Membrane Fuel Cell) が搭載され話題となった（図 **1.3**）．これは，グローブが見いだした燃料電池の電解質に用いられていたのが希硫酸であるのに対し，架橋ポリスチレンスルホン酸膜を電解質膜に用いたものであった．しかし，このポリスチレン系の膜は化学的な耐久性がなく，ま

図 1.3 ジェミニ 5 号に搭載された固体高分子形燃料電池の外観
(http://www.nasm.si.edu/exhibitions/attm/atmimages/99-15157-6.f.jpg)

た電極触媒として白金を多量に用いていたため非常に高価なものとなったなどの理由から，その後宇宙船に搭載されることはなかった．代わりに，アルカリ水溶液を電解質に用いた燃料電池が現在まで宇宙船に搭載され，エネルギーのみならず水を供給するといった重要な役割を果たしている．

上述した固体高分子形やアルカリ水溶液形燃料電池を初めとして，燃料電池は用いられる電解質によって分類されることが多い．詳しくは第2章で述べるが，液体の電解質を用いた燃料電池としては，アルカリ水溶液形，リン酸形，溶融炭酸塩形，また固体電解質を用いた燃料電池としては，固体高分子形，固体酸化物形がある．電解質の種類によって作動温度，使用燃料，用途や規模が限定されるため，

それぞれ独自の開発が続けられている．本書の話題の中心となる宇宙開発の中で誕生した固体高分子形燃料電池は，その後どうなっていったのであろうか？

ポリスチレン系の膜を用いたPEFCはその膜の不安定性のため宇宙船用としては不適当であった．その後デュポン社により燃料電池用として開発されたパーフルオロ系スルホン酸膜（商標：ナフィオン，詳しくは第4章参照）の登場によって寿命の問題が著しく改善された．1970年代は軍用（潜水艦の電源など）を中心に開発が進んだ．ナフィオンの登場に代表されるように，PEFCの特性の鍵を握っているのは，プロトン伝導性の高分子固体電解質膜である．国内では，イオン交換膜法を用いた食塩電解技術や製塩用海水濃縮技術の研究の中で高分子電解質膜の開発が進展した．食塩電解用のイオン交換膜として旭硝子では1975年にパーフルオロカルボン酸膜（商標：フレミオン）を，旭化成工業では1976年にパーフルオロ系スルホン酸膜（商標：アシプレックス）を，それぞれ商品化した（**図 1.4**）．これらの膜技術は現在でもPEFC開発に重要な役割をはたしているこ

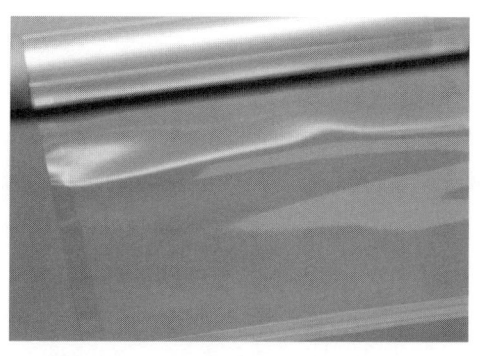

図 1.4 パーフルオロ系イオン交換膜の外観
(http://www.agc.co.jp/english/rd/topics_04.html)

とは言うまでもない.

一方,カナダのバラード社は,特殊用途のみならず民生用に PEFC が使用できるとの判断から 1980 年代に独自の研究開発を行った. 1987 年にダウケミカル社の膜を用いて,当時では画期的であった出力性能 $6\,\mathrm{A/cm^2}$ ($0.4\,\mathrm{V}$ の出力電圧で), $2.4\,\mathrm{W/cm^2}$ をバラード社は発表して,PEFC 研究に火を付けた.それは,PEFC が宇宙用や軍用といった特殊用途だけでなく,電気自動車や各家庭に設置する定置用電源などへ応用できる可能性を示したからである. 1990 年代以降になると,欧米,日本を中心として PEFC の研究開発が精力的に繰り広げられている.各国のエネルギー・環境問題政策の後押しも受け,過熱といっていいほどの研究開発競争が現在まで続いている.

このような,過熱ともいうべき状況を招いている要因の一つには,地球環境問題がある. 1997 年に京都で開かれた国際気候変動枠組条約締結国会議 (COP3) では地球温暖化を招く二酸化炭素を始めとするガスの排出自主規制が各国間で取り交わされ,つい最近 (2005 年) 批准された.日本は,2010 年までに 1990 年に対して 6 % の地球温暖化ガスの排出削減という目標が課せられている.現在,日本における全エネルギー消費量に対する,自動車部門,家庭部門のエネルギー消費量は,それぞれ約 20 % であり,それに対応する二酸化炭素を放出していることになる.燃料電池はそのエネルギー変換効率が最大 40〜50 % 程度(理論変換効率は標準状態で 83 %)と,化石燃料を用いた火力発電の変換効率 30〜40 % 程度,ガソリンエンジンの変換効率 15 % 程度と比較すると高い.したがって,それに見合う二酸化炭素の排出削減が期待できるわけである.PEFC を搭載した電気自動車は,1994 年にダイムラーベンツから初めて発表され,国内自動車メーカーも相次いで発表し,導入が図られている.我が国の首相が燃料電池車に搭乗して国会に現れた報道は,多くの人の

図 1.5 首相官邸に導入された家庭用固体高分子形燃料電池.（経済産業省 資源エネルギー庁提供）

記憶にあることであろう．また，一般家庭用の給湯と給電を同時に行うコジェネレーションシステム（熱電供給装置）として PEFC を用い，総合エネルギー変換効率 70 %（電気エネルギー ＋ 熱エネルギー）以上をめざした研究がガス会社を中心に世界的に展開されている（図 1.5）．

PEFC が期待されているもう一つの用途にポータブル電源がある．電気自動車用，家庭用の PEFC が燃料として水素を用いるのに対して，メタノールを直接燃料とした燃料電池 (DMFC: Direct Methanol Fuel Cell) が特にパソコンや携帯電話などの電子機器を駆動する携帯用電源として注目されている．これは MEMS (Micro Electro Mechanical Systems) といった電気・機械システムを微細に作り上げる技術を用いて作成されるマイクロ燃料電池（注：メタ

図 1.6 直接メタノール形マイクロ燃料電池を搭載した PC：濃度約 10 % のメタノールを 300 ml 使用することにより，5 時間の使用が可能とされる．
(http://www.nec.co.jp/press/ja/0306/3002-01.html)

ノールを触媒を用いて直接酸化してプロトンを生成させ，これと空気中の酸素を反応させて電気を発生させる小型装置）で，メタノール水溶液の小さなカートリッジを装着するだけで，現在よりも圧倒的に長時間これらの電子機器の利用が可能になると期待されている．世界各国の電子機器メーカーは，直接メタノール形燃料電池 (DMFC) の商品化が間近であることを発表している（**図 1.6**）．

以上のように PEFC は宇宙用，軍用といった特殊用途から開発が始まり，現在，多くの魅力的かつ画期的な民生用途にその研究開発の中心がシフトしている．地球環境問題からの期待も大きい．しかし，問題は山積している．以下の各章で研究開発の現状，そして未来に向けての研究課題について記述していく．

参考文献
1) 池田宏之助編著：『燃料電池のすべて』，日本実業出版，(2001).

2) 橋本拓也:現代化学 (東京化学同人), **361**, 56 (2001).
3) 燃料電池特集号, 現代化学 (東京化学同人), **392**, 14 (2003).
4) 渡辺 正, 金村聖志, 益田秀樹, 渡邉正義著:『電気化学』, 丸善, (2001).

第2章

燃料電池の原理

2.1 燃料電池の種類と特徴

燃料電池の基本構成単位は，イオンを通す電解質を2枚の電極で挟み込んだ単電池（セル）からなり，電解質の種類によって**表 2.1**のように分類されている．それぞれ特徴が異なるため，想定される用途も異なっている．

アルカリ形燃料電池 (AFC: Alkaline Fuel Cell) は，水酸化カリウム水溶液（マトリックスに含浸して使用）を電解質に用い，室温から 240 ℃以下と比較的低い温度で作動する．白金よりも安価な銀を電極触媒に用いることができるが，電解質の劣化を防ぐために，二酸化炭素を含まない燃料や酸化剤が必要である．そのため，何十年か後の本格的な水素エネルギー社会が到来するまでは，特殊用途（宇宙船，潜水艦など）への使用に限定されると考えられる．アポロ宇宙船やスペースシャトルでは，純水素，酸素を利用する AFC が主電源として実用化され，その副生水は飲料水に利用されていることはよく知られている．

リン酸形燃料電池 (PAFC: Phosphoric Acid Fuel Cell) は，濃リン酸をマトリックスに含浸して電解質に用い，200 ℃前後で作動させる．燃料電池の中で唯一民生用に実用化されている．現状では，電池本体を1回更新することでシステムとしては10年間の耐用性が

表 2.1 各種燃料電池の構成および特徴

	アルカリ形 (AFC)	固体高分子形 (PEFC)	リン酸形 (PAFC)	溶融炭酸塩形 (MCFC)	固体酸化物形 (SOFC)
作動温度 (℃)	室温〜240	室温〜100	180〜205	600〜700	〜1000
電解質 電解質	KOH水溶液	陽イオン交換膜	濃厚 H_3PO_4	$Li_2CO_3 \cdot K_2CO_3$溶融塩	ZrO_2-Y_2O_3(YSZ)
導電イオン	OH^-	H^+	H^+	CO_3^{2-}	O^{2-}
使用法	アスベストなどのマトリックスに含浸	高分子薄膜	SiCなどのマトリックスに含浸	$LiAlO_2$に含浸	薄 膜
電極基材	金・銀スクリーン,多孔質炭素板(PTFE)	多孔質炭素板(PTFE)	多孔質炭素板(PTFE)	アノード:多孔質Ni-Cr焼結体 カソード:多孔質NiO(Li)	アノード:Ni-YSZサーメット カソード:La(Sr, Ca)MnO₃
電極触媒	貴金属 (白金)	貴金属 (白金)	貴金属 (白金)	—	—
燃料	純水素(CO_2を含まない)	改質水素(COを含まない)	改質水素	改質水素	改質水素
酸化剤	酸素, 空気 (同上)	酸素, 空気	空気	空気+二酸化炭素	空気
(想定) 用途	宇宙用(スペースシャトル) 海底作業船, 軍事用	家庭用, 電気自動車, 宇宙用, 軍事用	オンサイト発電プラント 分散設置型発電	大規模集中発電	大規模集中発電 分散設置型発電
開発段階	〜10kW特殊用途実用化	数〜数十kWスタック試験中 商用バス, FCEV, 電熱併給FCのデモンストレーション	1〜10MW級実証試験了, 50〜200kW級が実用化	100kWおよびMW級スタック試験	100kW級スタック試験

あり,さらに15年間の見通しも立ちつつある.しかし,在来システムに比べコスト面で苦戦を強いられている.徐々にではあるが,工場,ホテル,病院などに導入が進められている.

溶融炭酸塩形燃料電池 (MCFC: Molten Carbonate Fuel Cell) は,炭酸リチウムや炭酸ナトリウムなどの混合アルカリ炭酸塩を溶融したものを電解質に用い,600～700℃で運転される.高温であることから,貴金属触媒が不要,廃熱の利用価値が高い,使用可能な燃料の範囲が広い(一酸化炭素も使用可能),などの特長を持つ.オンサイト発電用,火力発電代替用として100～1000 kWクラスの実証試験的導入も行われている.

固体酸化物形燃料電池 (SOFC: Solid Oxide Fuel Cell) は,酸化ジルコニウム(ジルコニア)を電解に用い,900～1000℃の高温で運転される.MCFCで述べた特徴に加えて,燃料の内部改質(燃料電池内部で天然ガスを水素に変換する)も可能であり,理論的に最も高い総合効率が期待できる.しかし高温作動であるために,材料に要求される特性は過酷である.強度やガスシール性が改善された円筒形が開発され,平板形とともに数100 kWクラスの試験が行われている.近年,作動温度の低温化も図られている.

第1章でも述べたように,固体高分子形燃料電池 (PEFC: Polymer Electrolyte Fuel Cell) は,プロトン伝導性の高分子膜(陽イオン交換膜)を電解質に用い,常温～100℃付近で作動する.固体電解質であるため飛散の心配がなく薄膜化も可能であること,低温で作動するため起動が早いこと,二酸化炭素の影響を受けないこと,が特徴であり,電気自動車や携帯機器用などの可搬電源として最も適している.通常は燃料に水素,酸化剤に酸素(空気)を用いるが,メタノール水溶液を燃料に用いることも可能で,この場合は特に,直接メタノール形燃料電池 (DMFC: Direct Methanol Fuel Cell) と

言われている.

表 2.1 中の作動温度は,電解質の種類に依存しており,その温度付近で高い性能が発揮される.電池を作動させる(電流を取り出す)と,内部抵抗[オーム抵抗+電極反応による損失(分極)]により発熱する(本章 2.3 節参照).例えば,PEFC では発熱による高分子電解質膜の劣化を防ぐため,100 ℃を越えないように冷却し,その廃熱は温水として利用することができる.このため,家庭用電源としても期待されている.PAFC では,廃熱の一部は温水よりも利用価値の高いスチームとして回収でき,さらに作動温度が高い MCFC や SOFC では,高温の廃熱を蒸気またはガスタービン発電の熱源として利用することができる.電極反応は通常の化学反応と同様に活性化エネルギーを必要とするので,低温ほど反応速度が遅くなり,分極(電圧損失)が大きい.比較的低温で作動する PEFC や PAFC では,分極を低減するために触媒活性の高い貴金属電極を必要としている.他方,高温型の MCFC や SOFC では安価な電極材料でも分極が小さく,さらに高温排熱を用いた炭化水素燃料の改質水素化や,含有一酸化炭素 (CO) の直接燃料化が可能となり,燃料選択の幅(天然ガスや石炭ガスなどが使用可能で,不純物の影響も小さい)が広がる.このような特徴から,高温型は据置の高効率発電に適し,低温型は起動や維持の容易な小型携帯用に向いており,おのおのの使い分けがなされることになる.

2.2 固体高分子形燃料電池の作動原理と構成材料

A. 作動原理

PEFC の作動原理を模式的に図 **2.1** に示す.燃料に水素,酸化剤に酸素を供給して次式の化学反応により電気エネルギーを得る.第

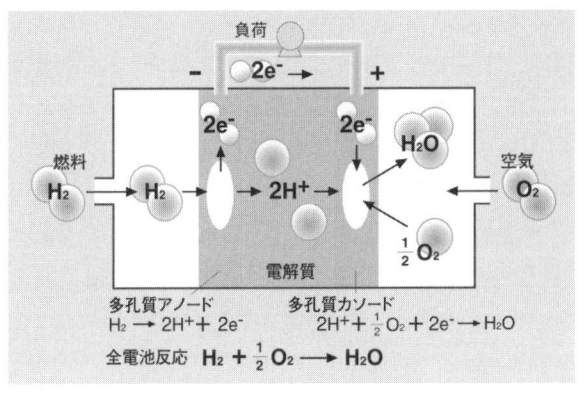

図 **2.1** PEFC の作動原理

1 章との繰返しになるが重要なのでもう一度述べよう．

アノード反応	H_2	→	$2H^+ + 2e^-$
カソード反応	$2H^+ + (1/2)O_2 + 2e^-$	→	H_2O
全電池反応	$H_2(g) + (1/2)O_2(g)$	→	$H_2O(l)$

この全電池反応のギブズエネルギー変化 $\Delta G° = -237\,\text{kJ/mol}$ が，原理的には電気エネルギーに変換されうるエネルギーである．この反応が起こると，理論的電池起電力 $E°$ は，次の式で与えられる．ただし，nF は熱エネルギーから電気エネルギーへの変換係数で，n は電池反応での電子移動モル数，F (=96485 C/mol) はファラデー定数を示す．

$$E° = -\Delta G°/nF = 1.23\,V$$

酸素は空気中から取り込めばよいが，水素は適当な方法で製造しなければならない．工業的には，水の電解，製鉄所からの副生水素，石炭やアルコール・天然ガス・石油などの炭化水素を改質・変性（触媒

存在下で水蒸気を加えて水素化）などから，水素は得られる．家庭用では，このような水素製造装置を燃料電池と抱き合わせで用いるが，燃料電池自動車では，定置で製造・精製した水素をステーションで供給する方式（高圧ボンベや水素吸蔵合金タンクなど）が現在の開発動向となっている．

アノードに供給された水素はアノード触媒上で酸化されて，水素イオン（プロトン，H^+）と電子に分かれる．水素イオンは水和イオン（ヒドロニウムイオン）として高分子電解質膜中を移動する．電子は外部回路を通って（仕事をして）移動し，共にカソードへ向かう．カソード触媒上では，水素イオンと電子，および酸素が反応して水が生成する．このアノード，カソード上での反応が円滑に進むためには，何れも白金などの触媒の助けが必須である．特に，カソードの反応はこのような触媒があっても起こりにくい，言い換えると大きな活性化エネルギー（電気エネルギーに変換したものを過電圧と呼ぶ）が必要である．

メタノール水溶液をアノードに直接供給する DMFC も同様の電池構造を持つが，その作動原理は以下の化学反応に基づいている．

アノード反応	CH_3OH	$+ H_2O$	$\to CO_2$	$+ 6H^+$	$+ 6e^-$	
	メタノール	水	二酸化炭素	水素	電子	
カソード反応	$3/2 O_2$	$+ 6H^+$	$+ 6e^-$	$\to 3H_2O$		
	酸素	水素	電子	水		
全電池反応	CH_3OH	$+ 3/2 O_2$	$\to CO_2$	$+ 2H_2O$		
	メタノール	酸素	二酸化炭素	水		

理論的起電力は，水素燃料の場合に比べ約 50 mV 低いと計算される．DMFC は燃料改質器や変性器などが不要であるため構造が単純であり，メンテナンスも容易である．一方，メタノールの酸化反応

が水素に比べ遅い（アノード過電圧が大きい）ため，PEFC に比べ貴金属アノード触媒を多く用いる必要がある．したがって，DMFC 用高性能アノード触媒の開発や高温運転の対応が望まれている．また，膜中のメタノール透過（クロスオーバー）が多く，これによる燃料の損失・カソード電位の低下などの問題も無視できない．

B. 基本構成

単セルの基本構成は，図 2.2 のようになっている．高分子電解質膜を両側から 2 枚の電極（アノードとカソード）で挟み込み，膜電極接合体 (MEA: Membrane Electrode Assembly) として一体化する．膜と電極の接合を良くするため，加熱しながら圧力をかけて（ホットプレス），MEA を作成する．この MEA を，反応ガスやメタノール水溶液を供給する溝が設けられたセパレータで挟持した構造が単セルとなる．所望の出力を得るためには，単セルを数十〜数百枚直列に接続した積層体（スタック）として用いる．

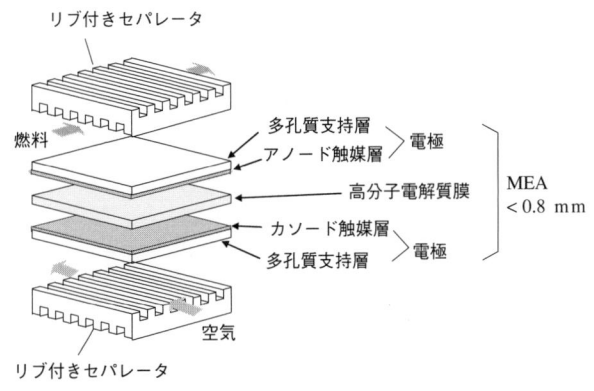

図 2.2　単セルの構造

C. 電　極

PEFCの一般的な電極触媒層の概念図を図 2.3 に示す．電極は，ガス拡散層と触媒層の2層構造から成り立っている．ガス拡散層はカーボンペーパーやカーボンクロスなどの多孔質の電子導電性支持体であり，電極内の水分量制御のために PTFE（ポリテトラフルオロエチレン）などで撥水化処理を行うことも多い．触媒層は，カーボン粒子に担持した白金触媒が主成分である．アノード，カソードでの触媒反応は，その触媒表面積に比例する．したがって高価な白金を少量用いてそれを確保するため，一般に 20～30nm 程度の一次粒径を持つカーボンブラック表面に 3～5nm 以下の粒径（比表面積 ＞数十 m^2/g-白金）で担持する．この担持白金触媒は，さらに高分子電解質膜で薄く覆われており（電解質ネットワーク），プロトン伝導性を持たせてある．その周りには，ガス拡散のための無数の細孔（＜数ミクロン）が三次元的に張り巡らされることが必須である．

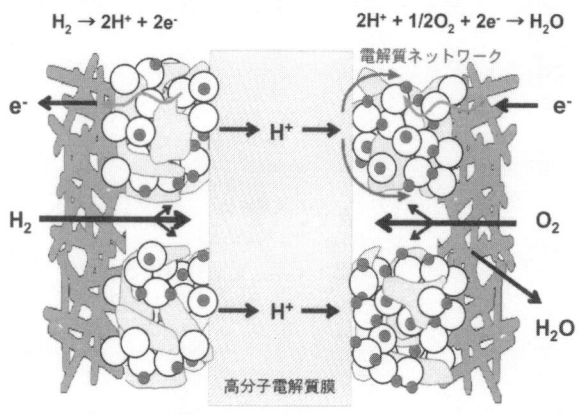

図 2.3　電極触媒層の概念図

電極がこのように複雑な構造である理由は，反応ガスの拡散性が良好で触媒上に効率よく供給され，触媒上で化学反応がスムーズに進行し，さらにイオン・電子・生成物が速やかに移動できるようにするためである．例えば，高分子電解質膜の被膜一つを考えてみても，これが厚すぎるとプロトン伝導性は高くなるがガスの拡散性が悪くなり，逆に薄ければガス拡散性が良くてもプロトン伝導性が低くなるといった二律背反の関係があり，触媒や電解質材料それぞれについても最適な条件を見いださなければならない．このように電極の効率よい利用には，触媒層構造の設計が非常に重要である．

触媒材料としてはアノード，カソード何れにも主に白金が用いられており，その使用量は $0.2 \sim 0.3 \mathrm{mg/cm^2}$（みかけの電極面積当たり）程度である．この使用量をさらに減らすために，合金化，高温化，微粒子化などが検討されている．また，DMFC の場合には白金ルテニウム合金がアノード触媒として用いられる．

D. 電解質膜

PEFC 用の固体高分子電解質膜には，以下の物性が必要である．
① プロトン伝導性（少なくとも，10^{-2} $\mathrm{Scm^{-1}}$ 以上）．
② 電子伝導性がなくガス透過性も十分低いこと．
③ 化学的・機械的な安定性（MEA 作成や PEFC 運転条件下で分解・破断しないこと）．

電解質膜に関しては，第 4, 5, 6 章で詳細を述べる．

E. セパレータ

セパレータはバイポーラープレートとも呼ばれ，その役割は，反応物質を電極に効率よく供給しながら加湿・除湿の制御を行い，さらに電池を積層化することである．そのためには，

① 電子伝導性（100 Scm^{-1} 以上）．
② ガス透過性が十分低いこと．
③ 化学的・機械的な安定性（PEFC 運転条件下で腐食や破損しないこと）．

が求められる．

　PEFC スタックにおいて，セパレータは重量，容積，コストの点で，非常に大きな割合を占めている．従来は，黒鉛ブロックに切削加工を施して溝を設けたセパレータが用いられていたが，これは非常に高価である．そこで現在では，熱可塑性樹脂や熱硬化性樹脂にカーボンブラックを混合して成形した，カーボン樹脂モールドセパレータがよく使われている．この材料は強度が弱く割れやすいという欠点があるが，耐食性・形状安定性・ハンドリング性に優れている．ステンレスやチタンに，薄い不動態膜や導電性被膜を施した金属セパレータの開発研究も盛んで，耐腐食性の向上が図られてきている．

2.3　固体高分子形燃料電池の熱力学

　燃料電池が発電装置として注目されている理由の一つは，その発電効率が高いことにある．比較として，例えば火力発電システムの場合には，化石燃料の持つ化学エネルギーを燃焼によって熱エネルギーに変換し，タービンを回転させて機械エネルギーとし，さらにこれを発電機によって電気エネルギーにしている．各変換過程にはそれぞれ損失が含まれるが，その中で熱エネルギーを機械エネルギーに変換する熱機関の効率が通常最も低い．熱機関の最大熱効率 ε_T はカルノー効率とも呼ばれ，

$$\varepsilon_\mathrm{T} = (T_\mathrm{H} - T_\mathrm{L})/T_\mathrm{H}$$

で与えられる (T_H, T_L は,機械エネルギーへの変換前 (T_H) と後 (T_L) の熱エネルギー源 (燃焼ガスなど) の絶対温度表示の温度).T_H を高くし,T_L を低くすればカルノー効率 (ε_T) を上げることができるが,一般的なガスタービンの条件 (T_H=800K,T_L=400K) では ε_T=50%となる.全体の変換効率は各効率の積となるため,熱機関を介した発電効率はこの値よりさらに低くなる.

燃料電池では化学エネルギーを電気エネルギーに直接変換するために,カルノー効率の制約を受けない.水素/酸素で作動する燃料電池の理論エネルギー変換効率を求めてみよう.1モルの水素が上に述べた全電池反応で発電し 25 ℃の液体水になるとき,エネルギーが標準燃焼エンタルピー分 ($\Delta H°$) 消費される.$\Delta H°$ のうち電気エネルギーに変換できるのは,最大でも $\Delta G°$ だけであるから ($\Delta G° = \Delta H° - T\Delta S°$ 中の,$T\Delta S°$ は電気エネルギーとして取り出せずに熱となる),その効率 ε_E は既知のデータを用いると,

$$\varepsilon_E = \Delta G°/\Delta H° = (-237.2\,\mathrm{kJ/mol})/(-285.8\,\mathrm{kJ/mol}) = 83\ \%$$

となり,上記 ε_T よりも大きな値が得られる.

ところで,燃料電池の標準起電力 $E°$ は,上に述べたように 1.23 V である.しかし,実際に電流を取り出そうとすると,幾つかの要因による電圧損失 (分極,または過電圧とも呼ばれる) のため,1.23 V の電池電圧は得られない.この過電圧には,

① 活性化過電圧 (電極での反応が遅いことによる抵抗).

② 抵抗過電圧 (水素イオンや電子の導電抵抗).

③ 濃度過電圧 (反応物質の供給と生成物の除去が遅いことによる抵抗).

があるが,PEFC で最も大きな影響を及ぼしているのは,カソードでの反応 (酸素還元) に由来する活性化過電圧である.図 **2.4** に,

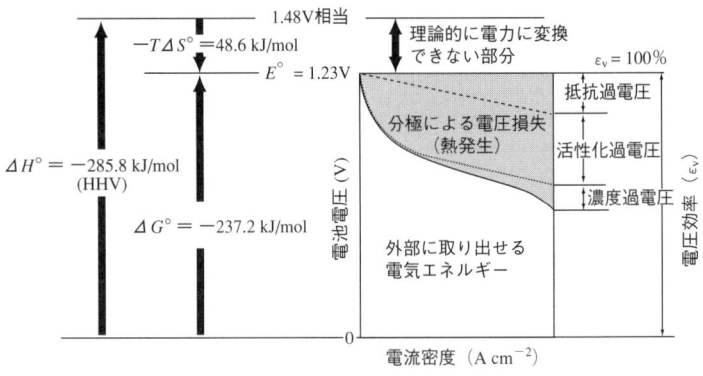

図 2.4 PEFC における電流密度と電池電圧の関係

PEFC の電流電圧曲線の簡単な模式図を示す．

このように電池電圧 E は $E°$ に比べて低く，その電圧効率 ε_V は

$$\varepsilon_V = E/E°$$

となる．通常の PEFC は，$E = 0.5 \sim 0.8\,\mathrm{V}$ で運転される．

また，燃料電池に供給した水素を，すべて発電反応に用いることは困難である．水素を 100 % 利用する条件では，出口付近での水素濃度が極端に低いため濃度過電圧が大きくなり，結果として電圧効率 (ε_V) が低下してしまうからである．そこで，ある燃料利用率 (ε_F) で燃料電池を運転することとなる．通常 ε_F の値は，70～90 %程度（未利用水素は改質燃料製造時の熱源として有効利用）であることが多い．

したがって，これらすべての効率を考慮した実際の燃料電池単体の効率 ε は，

$$\varepsilon = \varepsilon_E \times \varepsilon_V \times \varepsilon_F$$

となり，現在の PEFC の性能では約 50 %程度である．燃料電池システムとしては，水素燃料製造効率やシステム補機効率なども考慮されなければならない．

第3章

現状の問題と研究課題

3.1 なにが必要か

　高効率・無公害の燃料電池の実用化は，地球温暖化・環境汚染問題に対する重要な対処手段である．特に最近，燃料電池自動車 (FCEV) や定置用電熱併給システム (CG-FC) に用いられる固体高分子形燃料電池 (PEFC) は，高出力密度化，低コスト化の可能性が示されたことが大きな契機となって，世界的な研究・開発競争が展開されている．すでに，燃料電池自動車については，実用条件での性能評価，課題抽出などを目的としたバスや乗用車を用いたフィールドテストが日米欧で行われている．定置用に関しては 2005 年から我国において，商品化をめざして全国の一般家庭など約 400 ヶ所で，大規模実用化実証試験が始められた．また，液体メタノールを直接供給して電気を得る直接メタノール形燃料電池 (DMFC) は，改質ガス型と異なり燃料改質器およびその制御関連機器が一切不要であるため，システム全体の構造が簡略化され，また，起動とメンテナンスが容易となり，リチウム電池などに比べて容積出力密度の大きな携帯機器用電源として注目されている．PEFC や DMFC の話題が毎日のようにマスコミなどに取り上げられる状況を見ると，開発担当者，研究者以外は，すぐにも商品化が行われると思っても不思議ではない．しかし，これらの燃料電池が 21 世紀のエネルギー問題，環境問題の

解決の一翼を担うには,広汎な普及が必須である.その第一歩として,いま行われている実証テスト結果をフィードバックし,現存する技術,材料を磨きあげて,まず導入可能な分野に導入していくことは言うまでもなく最重要である.しかし,どちらの燃料電池においても,広汎な普及を実現するには,より一層の高性能化,コストダウンに向けた基礎的・共通的な課題解決が不可欠である.

2001年8月に我が国のPEFCの研究開発戦略がまとまり,2030年までの燃料電池自動車,定置用燃料電池の導入目標が設定された.**表3.1**に示すように2030年での燃料電池自動車1500万台,定置用1250万kWという目標は決して容易ではない.この目標を達成するために解決すべき技術課題を抜粋して,各用途別にまとめた(**表3.2**).例えば自動車用燃料電池においては,その普及時期において既存の乗用車クラスのガソリン自動車と同程度のコストと性能を達成すること,定置用燃料電池においては既存の給湯器と系統電源をあわせたものと同程度のコストと性能を達成すること,を考慮した技術課題が設定されている.モバイル用については用途とその技術的難易度によって達成目標とその時期が異なるため明確な設定は避けたが,いずれの場合においても出力密度の向上と安全性・利便性の改善が望まれている.これらの内容や以下に示す各技術分野の開発課題についての具体的検討は燃料電池実用化推進協議会(FCCJ),NEDO燃料電池・水素技術開発部で行われており,詳細が必要な方はそちらを照会して頂きたい[1-4].

表3.1 燃料電池の導入目標

	燃料電池自動車(万台)	定置用燃料電池(万kW)
2010年	5	210
2020年	500	1000
2030年	1500	1250

表 3.2　各種用途用燃料電池の現状，目標と技術課題

用途	項目	現状	目標（2010年）	技術課題
自動車用	原油・水素製造効率	58 %	70 %	高活性改質触媒の開発 CO選択酸化触媒の開発
	車両効率（LHV）	燃料電池車38 % ハイブリッド車50 %	燃料電池車60 % ハイブリッド車60 %	高活性電極触媒の開発 無（低）加湿電解質膜の開発 電解質膜の伝導度向上と薄膜化
	耐久性	1000時間 起動停止1万回	5000時間 起動停止6万回 （10年）	膜および触媒の劣化因子・機構の解明，対策確立
	スタックコスト	数百万円/kW	1万円/kW以下	貴金属触媒の使用量低減 低コスト電解質膜の開発 セパレータの低コスト化
	作動温度	80 ℃	120 ℃	高温作動電解質膜の開発
定置用	発電効率（LHV）	31 %	36 %	高活性電極触媒の開発 無（低）加湿電解質膜の開発
	耐久性	5000時間	4〜9万時間	劣化因子・機構の解明 加速劣化評価法の確立 電解質膜の安定化
	システムコスト	数百万円/kW	30万円/台	貴金属触媒の使用量低減 低コスト電解質膜の開発 セパレータの低コスト化
モバイル用	出力		パソコン用20〜50W 携帯電話用 数〜10W	高活性メタノール酸化触媒の開発 低メタノールクロスオーバー膜の開発
	安全性・利便性		環境適合・リサイクル性材料使用	燃料供給体制の整備 密閉性向上 法令の調整・整備

3.2　各技術分野の具体的な研究課題

表 3.1, 3.2 で与えられている目標値を達成するために，**図 3.1** のような導入シナリオが示されている．燃料電池本体やその構成材料の技術開発はもちろんであるが，ソフト面や供給体制についても整備をしていかなければならない．この中で，本項では研究・技術開

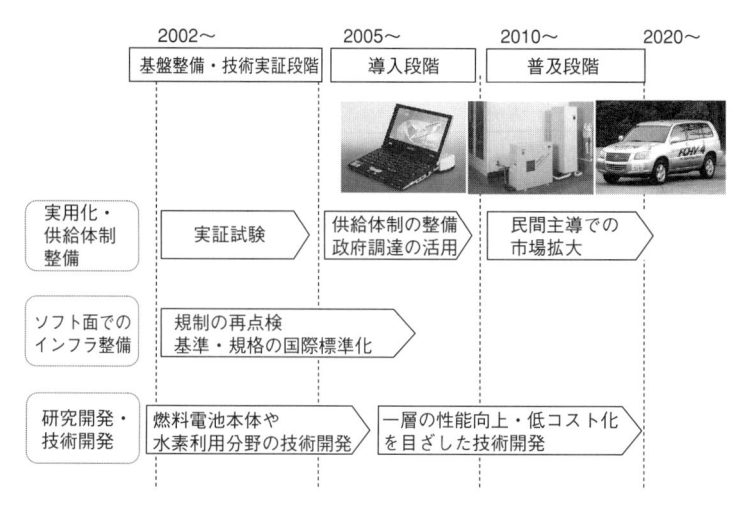

30　第 3 章　現状の問題と研究課題

図 3.1　燃料電池の導入シナリオ

発分野の具体的な課題を取りあげる．FCCJ では以下に掲げる 4 つの最重要課題を抜粋して，解決目標値の設定と産学官それぞれの取組み課題の整理を行っている．

A．共通要素技術の開発

電解質膜，電極，触媒，セパレータの性能向上，低コスト化，省資源化の課題解決が急がれている．

電解質膜：現在用いられている電解質膜は，化学的安定性に優れていることからパーフルオロスルホン酸系イオン交換膜が主流であり，その技術レベルはイオン伝導度 ($0.1\sim0.2$S/cm（80℃，飽和加湿）），耐熱性約 80℃，膜厚 $20\sim50\mu$m，要加湿，熱サイクル特性 50 回（$-40\sim80$℃），価格 $5\sim10$ 万円/m^2 である．

イオン伝導度や薄膜化は，当面の目標に達している．今後の課題は，機械強度の向上（補強膜の開発），耐熱性向上（$120\sim150$℃），低

加湿・無加湿作動, 熱サイクル特性100倍（定置用）〜1000倍（自動車用）, コスト3,000〜5,000円/m^2, イオン伝導および劣化機構の解明, 量産化技術の開発, 廃棄処理法の確立, などが挙げられる. 既存のパーフルオロスルホン酸系イオン交換膜の改良に加えて, 低コスト, 耐熱性, リサイクル性が期待できる炭化水素系イオン交換膜の開発も行われている.

電極触媒：現在用いられている電極触媒は, 高価ではあっても触媒活性に優れる白金が用いられている. 現在の技術レベルは, セル特性0.2A/cm^2 (0.73 V) 〜0.4 A/cm^2 (0.65V), 一酸化炭素許容量10ppm, 白金担持量2〜4g/kW, コスト4,000〜8,000円/kWである.

今後の課題は, 現セル特性を維持しながら一酸化炭素許容量の向上 (10〜50ppm), 白金担持量の低減 (0.2〜0.4g/kW), 低コスト化 (400〜800円/kW), 高活性カソード触媒の開発, 白金代替触媒の開発, 耐久性の向上 (5000時間（自動車用）〜当面4万時間, 長期的には9万時間（定置用）), などが挙げられる.

ガス拡散基材：現在ガス拡散基材として用いられているカーボンペーパー, カーボン布は, 数千円/m^{2}程度と高価である. 今後の課題としては, 低コスト化 (500円/m^2) と加工工程における作業性向上のため基材形態の改良, などが挙げられる.

膜/電極接合体 (MEA)：現状のMEAは, 一般に電解質膜を電極で挟み込み, 膜のガラス転移温度以上で加熱して熱圧着するホットプレス法により作成される.

今後の課題としては, MEA内部現象の解明と高性能化, 信頼性向上, 低コスト化, リサイクル技術の確立, などが挙げられる.

セパレータ：現状のセパレータはグラファイトが主に用いられており, その性能は伝導度2×10^2S/cm, 密度2g/cm^3, 厚さ1〜5mm, コスト数万円/枚（機械加工）, 4,000〜5,000円/枚（圧縮成型加工）

である.

　今後の課題としては,低コスト化(100～200円/枚)が最も重要である.薄膜化(<1mm),高強度化を目ざした展開として,耐食膜を被覆した金属材料やカーボン・樹脂複合材の開発と,それらの量産加工技術の向上が検討されている.前者では耐腐食性の向上と接触抵抗の低減,後者では伝導度の向上と成型技術が課題であるが,一部に実用性能に一歩近づいた材料も開発されつつある.

　スタック技術:上記の各材料の開発に加えて,一体化されたスタックとしての性能の評価と向上を行わなければならない.各材料の性能を最大限に引き出す設計技術,機能検証などスタックにかかわる技術開発が必要である.今後の課題としては,加湿方法・冷却・ガス配流などの管理技術の開発,シール材やシール技術の開発,劣化診断法や加速寿命評価法の確立,などが挙げられる.

B. 改質器

　自動車用:開発初期段階は,比較的低い温度(200～300℃)で作動するメタノール改質器を搭載した試作車が造られ,その改質効率は80％以上,容量は40～150L/台であった.ガソリン改質をねらった研究開発も行われたが,現在は,あらかじめ改質精製した水素を高圧充填,または吸蔵タンクに貯蔵搭載する方式が,燃料電池車の世界的な技術動向となっている.

　定置用:天然ガス,LPガスなど炭化水素の改質技術については,リン酸形燃料電池技術が転用されているが,さらに小型化,起動性,付加応答性の向上が求められる.今後の課題としては,多種燃料への対応,耐久性の向上(＞4～9万時間),高総合効率化(＞87％定格時),始動性,負荷応答性(5～30分),低コスト化(＜2万円/kW),さらに広範な普及のため起動停止時に燃料置換用の窒素ガス不要な

改質触媒,運転方法の検討,などが挙げられる.自動車用で挙げた新触媒開発や汚染物の影響についても,基礎的知見の集積を進めなければならない.

C. 水素製造・貯蔵技術

当面の自動車用,将来の水素エネルギー時代用として,水素の製造・貯蔵法の確立は重要である.

副生水素利用:現状の副生水素としては,石油化学水素,ソーダ電解水素,コークス炉ガスなどがある.これら副生水素による外販可能な潜在的水素量は43億 Nm^3/年(N=ノルマル,0℃1気圧における気体の体積)と推計され,2020年の導入目標である燃料電池自動車500万台分の水素消費量(37.5億 Nm^3/年)を上回る.今後の課題は,コークス炉ガスについて精製などシステムの最適化により水素回収効率を90%以上(現状60%)にまで引き上げること,および低コスト化,などが挙げられる.

高分子形水電解方式:将来,不安定な自然エネルギーからの電力や,原発の余剰電力を水素変換貯蔵する方法として重要となることが期待される.現状の技術としては,実験室レベルのサイズ($0.25m^2$)において,変換効率約90%($1A/cm^2$),数千時間以上の耐久性がある.今後の課題としては,構成材料の改良により,高効率化(>90%@ $2〜3A/cm^2$),高寿命化(10年),スケールアップ($0.6〜1.0m^2$)した上で,低コスト化することが必須である.

水素貯蔵:圧縮水素,液体水素,吸蔵合金(メタルハイドライド),吸蔵カーボン材(グラファイト,ナノチューブ),水素貯蔵化学物質(ケミカルハイドライド)を用いる方式が検討対象となっている.いずれの方式についても,材料開発が課題である.

圧縮水素方式では耐圧容器(〜70 MPa, 10 wt %)が,液体水素方

式では断熱容器・材料開発（蒸散＜1％/日 (PEFC), ＜0.1％/日 (CG–FC)）が，吸蔵合金では（貯蔵密度＞5.5 wt％，耐久性5000サイクル，貯蔵速度＜5min）などが目標値となる．吸蔵カーボン材についてはまず再現性の確認が急務であり，その上で吸蔵・放出メカニズムの解明，大量生産技術の開発が必要である．水素貯蔵化学物質では有機材料（ベンゼン，ナフタレン）か無機材料 ($NaAlH_4$, $LiAlH_4$) のいずれを利用するかにもよるが，化学反応の制御やリサイクルシステムの構築などが課題である．

D. 液体燃料精製・製造

クリーンガソリン（硫黄分なし），GTL (Gas to Liquid. 天然ガスを液体燃料化したもの) は，既存の燃料供給インフラ（日本全国で約53,000箇所）を活用し，内燃機関にも利用できる大きな効果が期待され，製造・精製プロセスの改良または開発による低コスト化と消費エネルギーの低減が求められている．また，メタノール，ジメチルエーテルは天然ガス，バイオマスなどからも製造できるため今後の期待が大きく，その製造効率を上げる (＞65～70％) ための触媒，システム開発が必要となってくる．

以上の自動車用燃料電池や定置用燃料電池の開発技術の副産物として，モバイル用燃料電池（携帯電話やノートパソコン，介護電源など）の実用化促進が期待される．この場合は，メタノールのような液体燃料が望ましいが，常温性能を得るための白金使用量の大幅な低減，燃料効率の向上のため燃料のクロスオーバーの少ない電解質膜の開発などが不可欠である．

3.3 今後の課題

以上で述べた課題の解決には，多くの新材料開発への挑戦が必須である．その挑戦には，多角的な発想と多くの実証実験が不可欠であり，恐らく個々の企業の対応だけでは不十分であろう．他方，学官組織に所属する大多数の研究者は，少なくとも現段階では，実用的電池の研究開発経験は無く，またその情報も十分に得られる状況とは言い難い．今後は，企業，学官の両者が課題と情報を共有し，効率的な新材料の研究開発が強く望まれる．

参考文献

1) 燃料電池実用化戦略研究会報告，2001 年 1 月 22 日．
2) 固体高分子形燃料電池/水素エネルギー利用技術開発戦略（燃料電池実用化戦略研究会），2001 年 8 月 8 日．
3) 固体高分子形燃料電池の技術開発ロードマップ（燃料電池実用化推進協議会），2003 年 3 月．
4) 燃料電池・水素技術開発ロードマップ．
   http://www.nedo.go.jp/nenryo/gijutsu/index.html

第4章

パーフルオロ系高分子電解質膜

4.1 研究の歴史と現状

　燃料電池用として最初に開発されたパーフルオロスルホン酸膜は長側鎖型非架橋膜であり，その卓越した化学的安定性と高イオン伝導性から，食塩電解プラント，水電解装置に使用されてきた．燃料電池用として開発が活発化したのは1980年代の後半にカナダのバラード社が新たに開発した短側鎖膜（ダウ膜）を用いて，加圧条件ながら，$2.4W/cm^2$ というきわめて高い出力密度を有するスタックを開発し，電気自動車用電源としての可能性を示して以来である．高出力が得られたのは膜の電導度が向上したためだけではなく，イオン交換樹脂溶液を用いて触媒を被覆することにより，飛躍的に電極面積が拡大したこと，およびセパレータのガス流路を直線ではなく，蛇行した"サーペンタイン"型にすることで，ガス流速を高めたことによる．その後，家庭用，携帯機器用電源など，実用化を目ざしての開発が進む中，燃料電池用としての膜物性の解析が進められるとともに，パーフルオロスルホン酸膜の高性能化，低コスト化を目ざした新規膜開発が進められてきた[1,2]．**図4.1**は燃料電池用膜の開発動向と目標を示す．

　現在の固体高分子形燃料電池(PEFC)は $30～50\mu m$ のイオン交換膜の両側に触媒とイオン交換樹脂からなる $10～20\mu m$ の多孔質の電

図 4.1 周辺

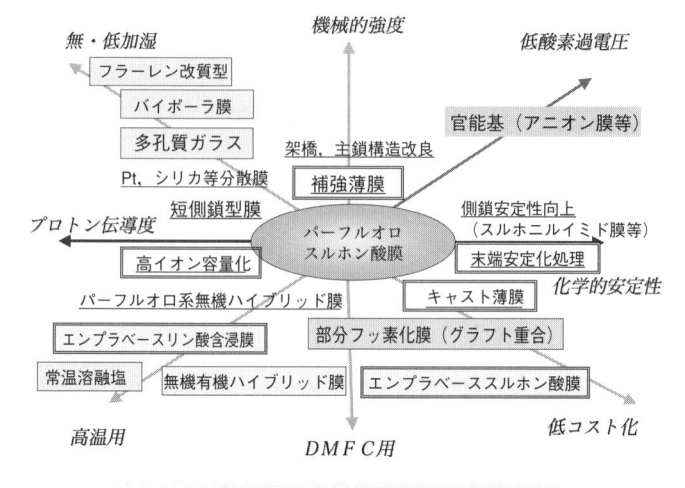

無・低加湿 / 機械的強度 / 低酸素過電圧

- フラーレン改質型
- バイポーラ膜
- 多孔質ガラス
- Pt、シリカ等分散膜
- 架橋、主鎖構造改良
- 補強薄膜
- 官能基（アニオン膜等）
- 短側鎖型膜
- パーフルオロスルホン酸膜
- 側鎖安定性向上（スルホニルイミド膜等）
- プロトン伝導度
- 高イオン容量化
- 末端安定化処理
- 化学的安定性
- パーフルオロ系無機ハイブリッド膜
- キャスト薄膜
- エンプラベースリン酸含浸膜
- 部分フッ素化膜（グラフト重合）
- 常温溶融塩
- 無機有機ハイブリッド膜
- エンプラベーススルホン酸膜
- 高温用 / DMFC用 / 低コスト化

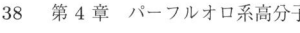

燃料電池実用化に向けた 電解質膜の課題

項目	目標値
耐久性向上	(自動車)5千時間　(定置型)4万時間
運転サイクル耐性	(自動車)3～6万回　(定置型)4千回
耐熱性向上	120～150℃(現状80℃)
水管理	低加湿、無加湿
低コスト化	3～5千円/m²　(現状5～15万円)

図 4.1 パーフルオロ系電解質膜開発動向と目標.（下線付きはパーフルオロ系における開発. 二重枠は商品化または実車搭載. 開発目標は燃料電池実用化戦略研究会 2001/8 資料）

極触媒層およびその外側に 200～300μm 程度のカーボン多孔体からなるガス拡散層から構成されるのが一般的である．一方の電極に水素，他方に空気または酸素を供給し，負荷を介して両方の電極を接続すると，触媒の作用で水素分子は水素イオンと電子に解離し，対極では膜を透過してきた水素イオン，外部回路を通ってきた電子が酸素と結合し水を生成する．理論起電力は室温で約 1.2V である．膜

には基本的には以下の項目が求められる．すなわち，①水素イオン（プロトン）が自由に移動できること（プロトン伝導性），②水素と酸素が直接反応することを防ぐこと（ガスバリアー性），③水素極と酸素極と電子的に導通させないこと（電子絶縁性），④高い化学的・電気化学的安定性，⑤高い機械的強度，寸法安定性，⑥高い水移動性，⑦耐熱性，⑧電極接合性，さらに実用化を考慮すると，⑨低コスト，⑩ハンドリング性，⑪リサイクル性なども要求されている．

これらの項目に対して，パーフルオロ系膜についてはプロトン伝導度，機械的強度，化学的安定性，無・低加湿化，低コスト化および高温膜などの項目について，化学構造および製法の見直しなどがなされるとともに複合化がなされ，商品化された（図4.1の二重枠で囲った電解質膜）．一方，部分フッ素化膜，炭化水素系膜，無機系膜，ハイブリッド膜，常温溶融塩など幅広い方向で新規電解質の研究が進められており，すでに炭化水素系膜には自動車に搭載されたものもある．現状では，スルホン酸膜，ホスホン酸膜，スルホンイミド膜やリン酸含浸膜など，カチオン電導膜が用いられているが，カソード反応（酸素還元反応）は酸性雰囲気では遅いため，アニオン膜開発に対する潜在的な期待は大きい．

以下，PEFC発電システム開発の中心的存在であるパーフルオロスルホン酸膜の構造，特性，新規開発動向などについて説明する．

4.2 パーフルオロスルホン酸膜の構造と特性

図4.2に構造を示すようにパーフルオロスルホン酸膜は非架橋であるため，含水時にはスルホン酸基が集まり何らかの周期的構造を有することが小角X線散乱(SAXS)などの解析から推定される．その1つとして図4.3のような眼鏡型クラスター構造が提案されてい

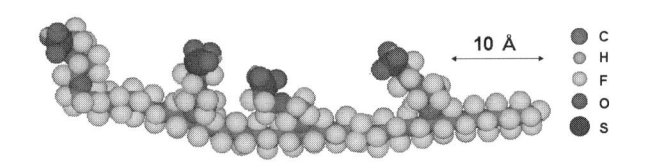

図 4.2　長側鎖型パーフルオロスルホン酸膜の分子模型

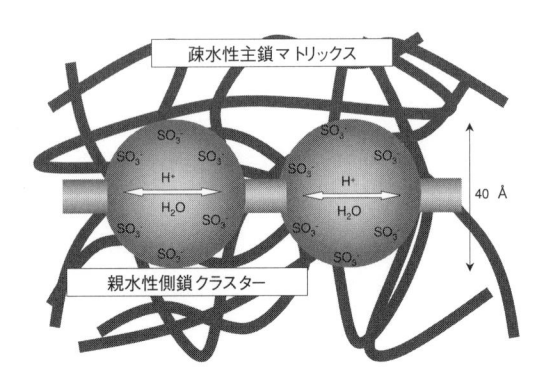

図 4.3　パーフルオロスルホン酸膜のクラスター構造モデル

る．プロトンや水は，このクラスターネットワークを通して移動すると考えられており，パーフルオロ膜の著しく大きな透水性はこの構造により説明される．パーフルオロスルホン酸樹脂は，水やアルコールを含む溶媒中に分散することが可能であり，例としては，図 4.4 に示すような希薄水溶液中での解析例が報告されている[3,4]．最近ではこのような分散状態の形態や小角中性子散乱 (SANS) などによる解析をもとに，膜のクラスターについてはより複雑な構造も提案されている．

通常用いられているポリマーのイオン交換容量 (IEC: Ion Exchange Capacity) は，プロトン伝導度と機械強度のバランスから，

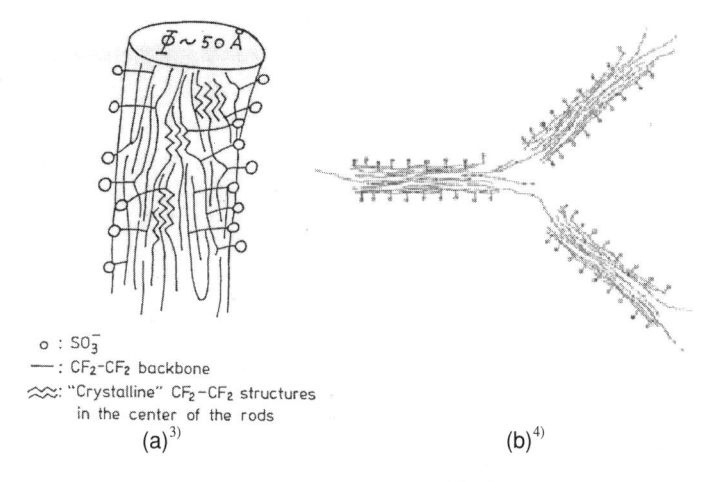

○ : SO_3^-
— : CF_2-CF_2 backbone
~~ : "Crystalline" CF_2-CF_2 structures in the center of the rods

(a)[3]　　　　　　　　　　　　(b)[4]

図 **4.4** パーフルオロスルホン酸樹脂の分散状態解析例

およそ 0.9～1.1 [ミリ当量/グラム乾燥樹脂] である．イオン交換容量が大きくなると含水量が多くなりプロトン伝導性が増すが，膜強度が低下する傾向がある．逆にイオン交換容量が小さくなると，含水量が低下してプロトン伝導性が低下する．ここで，イオン交換容量とは，乾燥ポリマー 1g に含まれるイオン交換基の量をミリ当量で表したものである．イオン交換基の量を表すのに EW（Equivalent Weight，等価質量）という用語がしばしば使用されるが，これはイオン交換基 1 個当たりの平均分子量に相当するもので，IEC と EW の間には次の関係がある．

$$IEC = 1000/EW$$

図 **4.5** に製法を示すように四フッ化エチレンとスルホン酸モノマーとの共重合で得られるポリマーは，スルホン酸基（–SO_3H 基）の前駆体であるフルオロスルホニル基（–SO_2F 基）を有する熱可塑性ポ

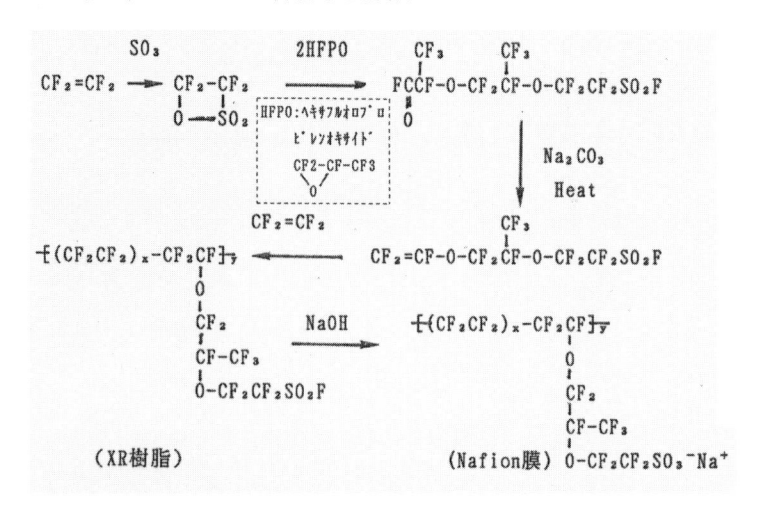

```
              SO₃              2HFPO         CF₃      CF₃
CF₂=CF₂  →   CF₂-CF₂    →                 FCCF-O-CF₂CF-O-CF₂CF₂SO₂F
              |   |           ┌─────────────┐  |
              O───SO₂         │HFPO:ヘキサフルオロプロ│  O
                              │ピレンオキサイド      │
                              │ CF₂-CF-CF₃  │
                              │    \O/      │
                              └─────────────┘
                                                    │ Na₂CO₃
                                                    │ Heat
                                                    ↓
              CF₂=CF₂                      CF₃
                                           |
─[(CF₂CF₂)ₓ-CF₂CF]ᵧ─  ←    CF₂=CF-O-CF₂CF-O-CF₂CF₂SO₂F
         |
         O
         |
         CF₂           NaOH        ─[(CF₂CF₂)ₓ-CF₂CF]ᵧ─
         |              →                    |
         CF-CF₃                              O
         |                                   |
         O-CF₂CF₂SO₂F                        CF₂
                                             |
                                             CF-CF₃
                                             |
 (XR樹脂)                      (Nafion膜)   O-CF₂CF₂SO₃⁻Na⁺
```

図 4.5 パーフルオロスルホン酸膜の合成プロセス

リマーであり，加熱押出し成形により薄膜化することができる．得られた膜はアルカリ加水分解後，酸で処理することにより，スルホン酸基（-SO₃H 基）含有のイオン交換膜に変換される．最近，直接フッ素化反応を用いたプロセスによる新しいスルホン酸モノマー合成法（図 4.6）が報告されており低コスト化が期待されている[5]．

図 4.7 に含水率と膜構造の関係を示す．$\lambda \geq 4$ ではプロトン伝導は Grotthuss モデルにより行われ，固体電解質としては最も高いイオン電導性を示す．$\lambda \geq 14$ ではスルホン酸基の束縛を受けない水が増え，高温ではクリープを起こしやすくなる．また，クラスター構造の形成はパーフルオロ膜にきわめて高い水透過性を与えることになる．例えば，IEC $= 1.1$ meq./g の長側鎖型膜の場合，窒素，酸素，水素に対して，水蒸気の透過速度は 4 桁以上大きい値が報告されている[3,4]．これが燃料電池用として優れている理由である．すなわち，カソードの生成水をアノードに向けて逆拡散することでカソー

図 **4.6** 直接フッ素化を用いたスルホン酸モノマー合成

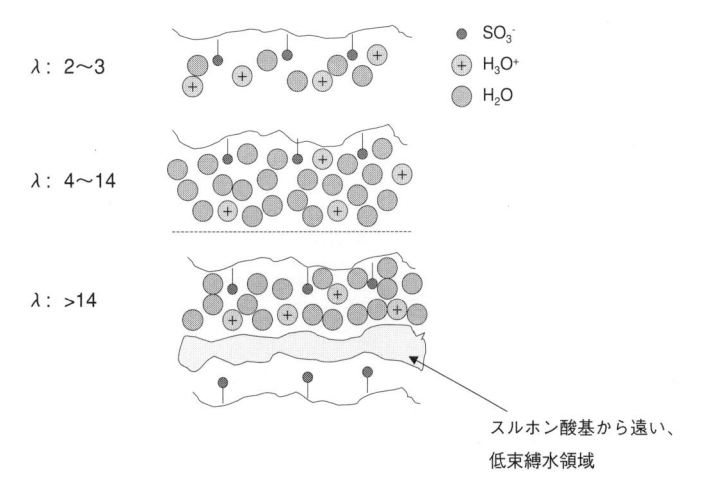

図 **4.7** パーフルオロスルホン酸膜の含水率と膜構造．(λ = 水分子モル数/スルホン酸基モル数)

ドのフラッディング(触媒層の水分が過多となり,ガスの拡散を阻害すること)が起こりにくくなるのである.

4.3 燃料電池の耐久性

燃料電池の実用化,商業化には初期特性の確保および低コスト化はもちろんのこと,信頼性並びに耐久性が確認されることが必須である.システムの低コスト化,エネルギー効率の観点からは,加湿に要するエネルギーは最小限に留めることが求められる.しかし,卓越した化学的安定性を有するパーフルオロ系膜を用いても低加湿下では膜電極接合体(MEA)が予想以上に早く劣化する場合が有ることがわかってきた.これは,図 4.8 に模式的に示すように,燃料である水素と酸化剤である酸素が膜を介してクロスリークして電極触媒上で反応することや,電極上で生成する過酸化水素やそれから生じるラジカル類によることがわかってきた[6,7].基本的には固体高分子形水電解における炭化水素系膜の劣化現象での解析例と同様の考え方で原因の解明,対策が検討されつつある.鉄イオンの存在は

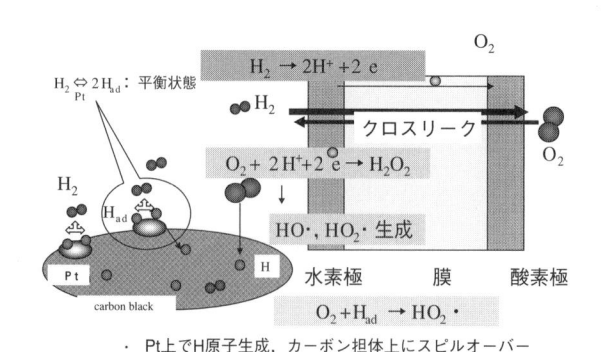

図 4.8 MEA におけるガスのクロスリークと過酸化水素,ラジカル発生

過酸化水素の酸化能力を促進する触媒となるため，膜劣化を加速すると考えられている．フェントン試薬は電解質膜の酸化安定性の評価法としてしばしば用いられている．

4.4 新しいパーフルオロ系電解質膜

一般的な長側鎖型のパーフルオロスルホン酸膜は，弾性率が急激に低下しはじめる軟化温度が80℃付近にあるが，それらよりも側鎖構造が短い短側鎖型のスルホン酸ポリマー ($IEC = 1.25 meq./g, EW = 800$) は軟化温度が125℃付近にあり，高温における機械強度保持の観点から従来膜よりも高温運転に適していると考えられている．化学構造式を図 **4.9** に示す．従来，短側鎖型膜の合成には特殊な中間体が必要であり，低コスト化に不利とされていたが，最近，あらかじめ–SO_2F基を加水分解することにより，熱分解反応時の環化反応を防いで短側鎖型スルホン酸モノマーを得る方法が見いだされている．中間体にハイポフルオライトを用いた短側鎖型スルホン酸モノマーの合成法も報告されている．

三元共重合による高温物性の改良も報告されている．図 **4.10** に示したように四フッ化エチレンとスルホン酸モノマーに第3成分を共重合することにより軟化温度が上述の短側鎖型ポリマーと同等の膜が得られている．

高温での乾燥によるプロトン伝導性の低下を防ぐため，保水性やプロトン伝導性を有する材料とパーフルオロスルホン酸ポリマーか

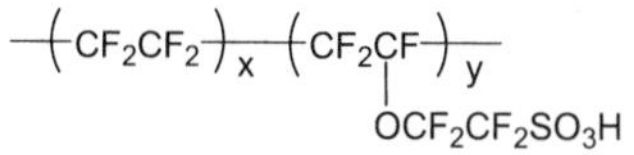

$$-(CF_2CF_2)_x-(CF_2CF)_y-$$
$$\quad\quad\quad\quad\quad\quad |$$
$$\quad\quad\quad\quad\quad\quad OCF_2CF_2SO_3H$$

図 **4.9** 短側鎖型パーフルオロスルホン酸ポリマー

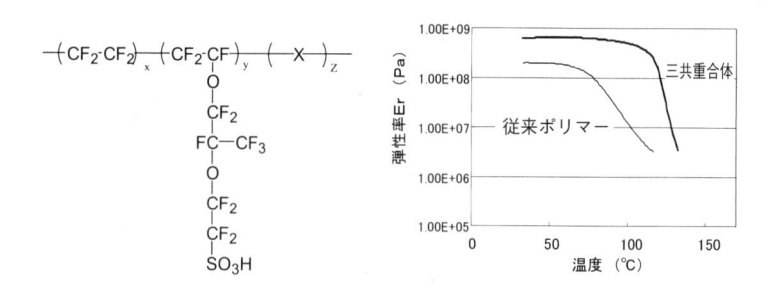

図 4.10 高温膜用三元共重合体とその弾性率の温度依存性

らなる複合膜が検討されてきた．シリカやリン酸ジルコニウムとの複合膜は，130〜140℃における発電特性が従来のパーフルオロスルホン膜よりも優れることが見いだされている．ヘテロポリ酸を用いた改良も報告されている．長期間運転する場合には，マトリックスとなるパーフルオロスルホン酸ポリマーの高温における機械物性向上とともに化学的安定性が必要である．最近のハイブリッド膜の中にはその組成や構造の詳細は明らかにされていないが，120℃で1500〜3000時間の運転可能な膜も報告されるようになった[8,9]．

イオン交換基についての検討も行なわれている．スルホン酸基と同様に強酸性を示すスルホンイミド基を用いたイオン交換膜が合成されている．その構造は図 4.11 に示したように，従来型のパーフルオロスルホン酸ポリマーのイオン交換部位にスルホンイミド基を導入したものである．窒素中での評価ではスルホン酸型電解質に比

図 4.11 スルホンイミド基を有するパーフルオロポリマー

較して約 100 ℃高い分解温度が報告されている．プロトン伝導度の温度依存性や湿度依存性が調べられているが，それらの物性はスルホン酸基の場合と似た挙動を示した．

バラード社は低コストの燃料電池用膜の開発を目的に，当初はスルホン化したポリフェニルキノキサリン系の膜 (BAM1G) やスルホン化したポリ (2,6–ジフェニル–4–フェニレンオキシド) 系の膜 (BAM2G) を開発したが，耐久性が不十分であった．そこで，図 4.12 に示したフッ素系の主鎖骨格を取り入れたポリ (α, β, β–トリフルオロスチレン) 系の膜 (BAM3G) を開発し，耐久性が改良された膜を得ている．

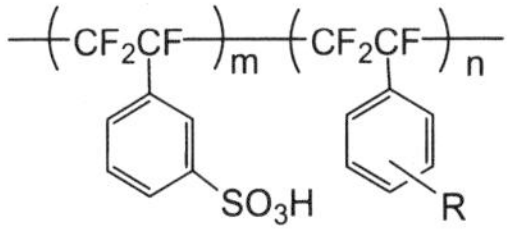

図 4.12 バラード社のポリマー (BAM3G)

最近，低コスト化や水などに対する膨潤耐性の改良を目的として，架橋フッ素高分子電解質膜の開発が行なわれている．この膜は次のようにして作製される．まず，PTFE を結晶融点以上の 340 ℃で γ 線照射を行い架橋 PTFE を作製する．次に，室温で γ 線を再照射後，スチレンをグラフト重合する．最後にクロロスルホン酸でスルホン化し，グラフト鎖にスルホン酸基を導入する．しかし，このようにして得られた膜は，グラフト鎖のポリスチレンスルホン酸の耐酸化性，耐熱性が不十分なため，従来のパーフルオロスルホン酸膜よりも耐久性が劣っていた．そこで，放射線グラフト反応によりスルホン酸基を導入できるようなパーフルオロビニルモノマーの適用も試みられている．

燃料電池開発には，これまで食塩電解用に製造されてきたパーフルオロスルホン酸ポリマーが使用されてきた．しかし，2000年前後から，燃料電池の要求特性に合わせたポリマー開発の報告や特許が増えてきている[10]．高温運転への対応や低コスト化，高耐久化を目ざして開発は今後益々盛んになってくると予想される．

4.5 電極触媒被覆ポリマー材料

燃料電池から高い出力を得るために，電極触媒層の触媒被覆ポリマーにも検討が加えられている．通電時の電力損失において大きな割合を示すカソード分極を低減するため，①高イオン交換容量ポリマーの適用による電解質伝導度向上，②高酸素溶解性イオン交換樹脂による濃度過電圧の低減，③溶媒可溶性フッ素樹脂による撥水性向上が試みられている他，④高温用ポリマーの適用なども報告されている．

参考文献

1) 田村英雄監修：電子とイオンの機能化学シリーズ，Vol.4, 固体高分子形燃料電池のすべて，NTS, pp.33-65, (2003).
2) Johnson Matthey Technology Center: "High Temperature Membranes for Solid Polymer Fuel Cells", (2001).
http://www.dti.gov.uk/energy/renewables/publications/pdfs/f0200189.pdf.
3) P. Aldebert, et al.: *J.Phys.France*, **49**, 2101, (1988).
4) S. Jiang, et al.: *Macromolecules*, **34**, 7783, (2001).
5) 日本学術振興会フッ素化学第155委員会編：『フッ素化学入門―先端テクノロジーに果たすフッ素化学の役割―』，三共出版，(2003).
6) A.B. LaConti, M. Hamdan, R.C. McDonald: *Handbook of Fuel Cells*, Weiley, pp.647-662, (2003).
7) A.E. Steck, C.Stone: *New Materials for Fuel Cell and Modern Battery Systems II*, Proceedings of the International Symposium on New Materials for Fuel Cell and Modern Battery Systems, 2nd, Montreal, July 6-10, pp.792-807, (1997).

8) DOE, 2005 Annual Merit Review Proceedings, Fule Cell Presentations, B. Membranes and MEAs.
http://www.hydrogen.energy.gov/annual_review05_fuelcells.html#memb.
9) 寺田一郎, 他:燃料電池, **4**, 78, (2005).
10) 特許庁編, 平成 14 年度特許出願技術動向調査 12, 環境低負荷エネルギー技術, (社) 発明協会, (2003).
http://www.jpo.go.jp/shiryou/pdf/gidou-houkoku/eco_ene.pdf.

第5章

炭化水素系高分子電解質膜

5.1 プロトン伝導性と安定性のトレードオフ関係への挑戦

固体高分子形燃料電池 (PEFC) の電解質膜として，パーフルオロ系高分子電解質膜に替わる新材料を求める声は多い．その一つの可能性として，炭化水素骨格からなる高分子にプロトン伝導性を付与しようとする試みが積極的に行われている．炭化水素系高分子材料は，

① 合成が容易である．
② 多岐にわたる分子構造に対応でき物性がコントロールしやすい．
③ 安価である．
④ 環境適応性に優れる（リサイクルが行いやすい，使用後燃焼しても有害物質を発生しない）．

ことが特徴であり，これらの点ではパーフルオロ系高分子電解質膜に比べて優れている．実際，PEFC の開発研究においては，パーフルオロ系高分子電解質膜が用いられる以前に，炭化水素系の電解質材料が検討されていた．例えば，スルホン酸化されたフェノールホルムアルデヒド樹脂 (1) やスルホン酸化された架橋ポリスルチレン樹脂 (2) がその代表例である．

これらは，20 世紀前半に陽イオン交換樹脂として開発された高分子材料であり，当時すでに実用化もされていた．これら陽イオン交

換樹脂膜の欠点は，プロトン伝導性と安定性のトレードオフ関係である．すなわち，プロトン伝導度を上げるためにイオン性基の導入量を増加すると，膜の安定性が低下してしまう．ここで言う"安定性の低下"とは，成膜性に乏しく膜の機械強度が不十分となること，耐水性（加水分解安定性）や酸化安定性（過酸化水素に由来するラジカル種の水素引き抜き反応に対する安定性）が低下して，分子量が減少してしまうことを意味する．例えば，十分なプロトン伝導度（10^{-2} Scm^{-1} 以上）を持つスルホン酸化架橋ポリスルチレン膜を用いた PEFC では，50℃という低い運転温度においても数100～1000時間程度で膜に亀裂やピンホールができてしまい，それ以上の発電を行うことが不可能になる．安定性の点において，開発されて約50年が経った現在でも，デュポン社のナフォン膜に優る炭化水素系電解質膜材料は見いだされていない．本章で紹介する代表的炭化水素系高分子電解質膜材料の研究は，"プロトン伝導性と安定性のトレードオフ関係"へのチャレンジの軌跡ということもできる．

5.2 芳香族系高分子電解質膜

A. スルホン酸化芳香族ポリエーテル

芳香族ポリエーテルは，芳香族基が酸素原子を介して連結した炭化水素系高分子であり，求核置換重合法や酸化重合法などの方法で

高分子量体が得られ，エンプラ材料として広く用いられている．ケトンやスルホン基など極性基を含む分子構造にすれば，高ガラス転移温度・高熱分解温度を付与することも可能であり，燃料電池運転条件下で想定される酸化や加水分解に対する安定性にも優れている．さらに，硫酸や三酸化硫黄と反応させることにより容易にスルホン酸基を導入してプロトン伝導性を付与できることから，数多くの電解質化研究がなされている．

例えば，ポリエーテルケトン類（PEEK や PEEKK など）は発煙硫酸と反応させると，繰返し単位当たり 1 個程度までスルホン酸基を導入することができる．このスルホン酸化ポリエーテルケトン (3) は，溶液キャスト法によって成膜することができる[1]．この膜の含水率（H_2O/SO_3H: スルホン酸基一つ当たりの吸収水分子の数）は，常温でも最大で 16〜20 に達する．含水した膜中ではスルホン酸基のプロトンはヒドロニウムイオンとして存在する．電場が存在するとこのヒドロニウムイオンがキャリアとなってプロトン伝導性が発現する．スルホン酸化ポリエーテルケトン膜のプロトン伝導度は，十分に含水している場合には常温で 10^{-3}〜10^{-2} Scm^{-1} であり，80 ℃では 10^{-1} Scm^{-1} 程度にまで達する．このプロトン伝導度は，パーフルオロ系電解質膜と比較して遜色ない値である．

(3)

スルホン基を有するポリスルホンやポリエーテルスルホンも，ポリエーテルケトン系と同様の方法で電解質化が可能であるが，あらかじめスルホン酸基を導入したモノマーを重合する方法も開発されており，この方法では繰返し単位当たり 2 個のスルホン酸基を有す

$$\{\!\!-\!\!\bigcirc\!\!-\!\!\underset{\underset{SO_3H}{|}}{\overset{\overset{O}{\|}}{\underset{\|}{S}}}\!\!-\!\!\bigcirc\!\!-\!\!O\!\!-\!\!\bigcirc\!\!-\!\!\bigcirc\!\!-\!\!O\!-\!\}_n$$

(4)

るポリスルホン (**4**) が得られる[2]．構造明確な重合体が得られ，共重合組成を変えるだけで容易に親水性を調節できることが大きなメリットである．スルホン酸化ポリスルホン共重合体膜も，含水状態では $10^{-1}\mathrm{Scm}^{-1}$ 程度の高いプロトン伝導度を示す．ブロック共重合性を持たせることも検討されており，親水部と疎水部の相分離状態やイオンチャンネルを制御できれば，さらに高いプロトン伝導度を達成できる可能性もある．

芳香族系高分子電解質膜の問題点の一つは，上述したように安定性である．燃料電池作動条件下での膜の劣化機構は明らかになっていないが，一因として，酸素の不十分な還元（二電子還元）により過酸化水素が生成し，これから副生するラジカル（HO・ や HO$_2$・）が引き起こす酸化分解が考えられている．特に，**図 5.1** に示すようにスルホン酸置換基近傍は親水性が増しているために，これらラジカルによる酸化や加水分解反応を受けやすく，主鎖切断や脱スルホン酸基が起こることが推察される．したがって炭化水素系高分子電解質膜の安定化試験では，単に熱分解温度だけではなく，酸化雰囲気（例えば，フェントン試薬中）や沸騰水中での耐久性を測定する方法がとられている．

高分子の主鎖ではなく，側鎖にイオン性基を結合させることにより，酸化・加水分解安定性が向上するとの報告がある．イオン性基が側鎖末端に位置するために主鎖近傍の疎水性が保たれ，分解反応が起こる場合にも側鎖親水部近傍のみに留まるため，主鎖切断が抑

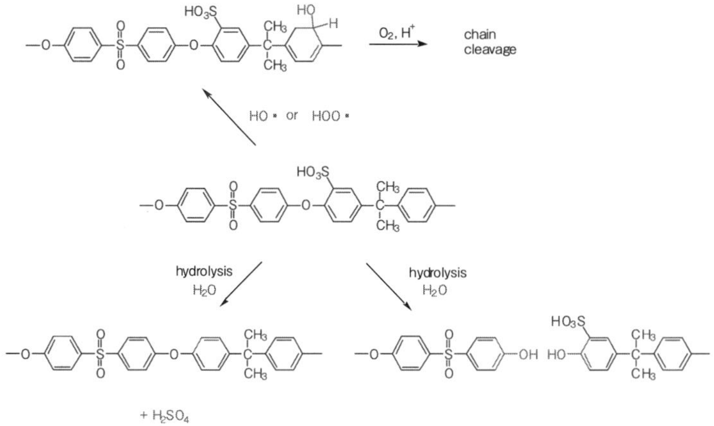

図 5.1 考えられる芳香族高分子電解質膜の分解機構

制されるためである.例えば,スルホン酸基が側鎖フェニレン基に結合したポリエーテル (**5**) では,過酷な条件下(140 ℃,100 %相対湿度 (RH))でも分解が全く起こらず,プロトン伝導度や機械強度などの特性が低下しない[3].他にも,アルキルスルホン酸基を置換したポリエーテルスルホン (**6**) などが合成されている[4].

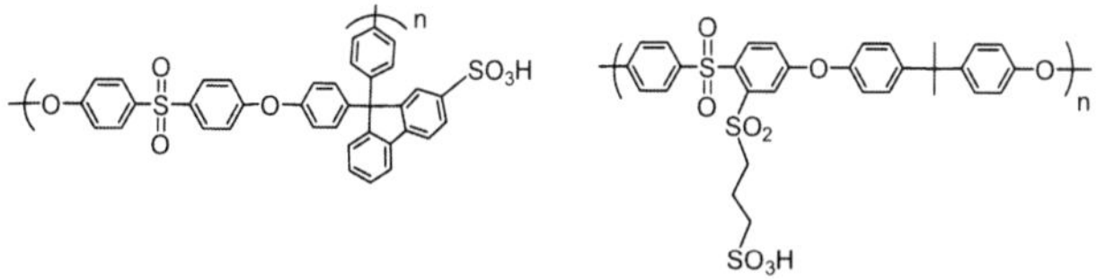

(5)　　　　　　(6)

B. スルホン酸化ポリイミド

ポリイミドは芳香族ジアミンと芳香族四カルボン酸二無水物の重縮合により得られるが,スルホン酸化モノマー(ジアミノビフェニ

ルジスルホン酸）が市販されているので，これを用いてスルホン酸化ポリイミドを合成することができる．ホモポリマーはスルホン酸基密度が高すぎて耐水性に乏しいので，疎水性ジアミンコモノマーを添加した共重合体が検討されている．一般的にプロトン伝導性は良好であり，100 % RH，25 ℃において $10^{-1} \mathrm{Scm}^{-1}$ 以上の伝導度を示す．ブロック共重合体も検討されており，例えば五量体ユニットを含むブロック共重合体膜は，小角X線散乱測定の結果からパーフルオロ系電解質膜と同様な親水クラスター構造を持つことが示唆されている．

フルオレンジアニリンをコモノマーとして得られるスルホン酸化ポリイミド膜 (**7**) では，図 **5.2** に示すように水の沸点を超える 100 ℃以上の温度でもプロトン伝導度が低下しないことが見いだされて

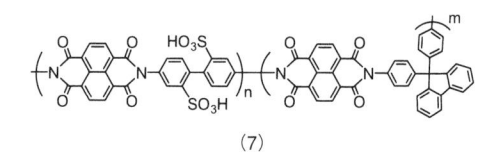

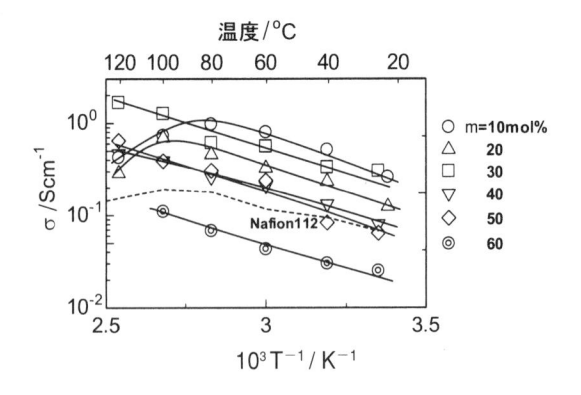

(7)

図 **5.2** スルホン酸化ポリイミド膜 (7) のプロトン伝導度温度依存性

いる（120℃において 1.67Scm^{-1} であり，同条件で測定したナフィオン 112 膜の 10 倍以上の値)[5]．かさ高いフルオレニル基の導入により，ポリイミド鎖間が押し広げられて形成する空間に水分子が取り込まれ，これら水分子がスルホン酸基水和水に比べ脱離しにくいため，高温での保水性と高いプロトン伝導度が達成されるものと考えられている．

ポリイミド電解質は，一般的に加水分解に対する安定性がポリエーテル電解質に比べて劣る．高温高湿下では，解重合反応が起こりやすいことが原因である．加水分解反応は水分子の求核置換攻撃によるものなので，イミド窒素原子上の電子密度を増加させることにより，かなり抑制することができる．例えば，電子押出し効果の強い脂肪族基を主鎖・側鎖いずれにも導入したスルホン酸化ポリイミド膜 (8) は，120℃の水蒸気中に長期間さらしても加水分解が起こらず伝導度などの物性も変化しないことが見いだされている[6]．

(8)

C. ポリベンズイミダゾール系電解質

ヘテロ環構造を含む炭化水素系電解質として，ポリベンズイミダゾール系の研究例が多い．ポリベンズイミダゾールは硫酸や発煙硫酸と直接反応させても，スルホン酸基導入率は低く脆い膜しか得られない．しかしながらポリベンズイミダゾールは置換活性な N–H プロトンを有しており，塩基性雰囲気（水素化リチウム）下極性溶媒

中でアルカンスルトンやアルキルハライドなどと反応させればN–C結合を形成させることができる．この方法により側鎖にプロピルスルホン酸，ベンジルスルホン酸，エチルホスホン酸などのイオン性基を持つポリベンズイミダゾール電解質 (**9**) が合成されている[7]．これらポリベンズイミダゾール系電解質膜の特徴として顕著なことは，耐熱性に優れていることであり，窒素雰囲気下では400 ℃付近まで熱分解が起こらない．プロトン伝導度は90〜100 % RH，温度20〜140 ℃の条件で $10^{-3} \sim 10^{-4} \mathrm{Scm}^{-1}$ である．

R: -(CH$_2$)$_3$SO$_3$H
-CH$_2$PhSO$_3$H
-(CH$_2$)$_2$PO(OH)$_2$

(9)

　ポリベンズイミダゾールは弱塩基 (pKa=5.48) であるため，有機・無機の酸化合物と複合体を形成させることができる．この複合膜は，水がない状態でもホッピング機構によってプロトン伝導性を示す（詳しくは第6章参照）ことから，特に高温での使用のために注目を集めている．添加する酸化合物としては，主にリン酸，硫酸，塩酸などの無機酸が検討されている (**10**)[8]．複合膜はポリベンズイミダゾール膜を酸溶液に浸漬，あるいはポリベンズイミダゾールと酸を極性有機溶媒に溶解しキャスト成膜する，という簡単な方法で作成することができる．これら複合膜の耐熱性は上記の（共有結合でイオン性

X: H$_2$PO$_4$
HSO$_4$
NO$_3$
Cl
ClO$_4$

(10)

基を導入した）ポリベンズイミダゾール系電解質膜と同等かそれ以上であり，特にリン酸複合膜では分解温度が450℃を超える．プロトン伝導度は硫酸やリン酸複合体で $2\times10^{-3} \mathrm{Scm^{-1}}$ であり，160℃でも減少しない．さらに，メタノールの透過率が低いため（80℃でパーフルオロ系電解質膜の約1/30との報告もある），直接メタノール形燃料電池(DMFC)用の電解質膜としても期待が持たれている．低温での伝導度向上や酸化合物の漏れ出し（脱ドープ）を抑制することができれば，実用化の可能性が開けてくると思われる．

5.3 部分フッ素化炭化水素系高分子電解質膜

架橋ポリスチレンスルホン酸が安定性に乏しいことはすでに述べたが，その主な理由はフェニル環に結合した主鎖の α 水素がラジカル種などにより引き抜き反応を受けやすいためと考えられている．そこで主鎖の水素原子をフッ素原子で置き換えたトリフルオロスチレンスルホン酸共重合体（第4章を参照）が開発された[9]．フッ素置換膜では安定性が著しく向上し，80℃での燃料電池運転試験ではパーフルオロ系電解質膜を用いた場合と同等の性能を示した．15,000時間以上の膜寿命も，確認されている．この膜では，含水率がスルホン酸基数の増加と共に増大するにもかかわらず，プロトン伝導度（100% RH，25℃で $0.17 \mathrm{Scm^{-1}}$）や親水クラスターの径・体積分率が極大値を示すことが特徴であり，興味深い．ホスホン酸誘導体（トリフルオロスチレンホスホン酸共重合体）も合成され，電解質の特性解析と燃料電池試験が行われているが，スルホン酸に優る性能は得られていない．

5.4 その他の炭化水素系電解質膜

耐熱性や化学安定性を有する多孔性基材マトリックスに,高分子電解質を充填した細孔フィリング膜も注目を集めている[10].数十～数百 nm 以下の細孔に電解質が充填されているため,含水時やメタノール水溶液中での膜の膨潤が著しく抑制されることが特徴である.

多孔性マトリックスとしてはテフロン,ポリイミド,架橋ポリエチレンなどの高分子材料や,シリカなどの無機材料も用いられており,充填電解質にはポリアクリル酸,ポリビニルスルホン酸,ポリアクリルアミド–2–メチルプロパンスルホン酸や,それらの共重合体が用いられている.高濃度(～30wt %)のメタノール水溶液でも膜の膨潤がほとんどないこと,プロトン伝導度とメタノール透過率のトレードオフ関係がナフィオン膜に比べ優れている(同じプロトン伝導度の場合には細孔フィリング膜のほうがメタノール透過率が少ない)ことから,特にDMFC用電解質膜として期待が持たれている.電解質材料としては,モノマーを細孔に充填してから重合反応を行うビニル系高分子が中心であるが,最近,芳香族系高分子電解質を充填した例も報告されており,安定性の確認と高温化への対応が望まれる.

有機材料の製膜性と無機材料の耐熱性を併せ持たせることを目的としたハイブリッド材料も,高温PEFC用電解質膜として期待されている.例えば,ホウ素やケイ素,チタンなどの金属アルコキシド化合物 (11) の加水分解・重縮合(ゾルゲル法)の際に,有機オリゴマー(ポリオキシエチレンなど)やイオノマーを共存させることにより,有機無機ハイブリッド材料が合成されている[11].マトリックスの安定性が優れていることから耐熱性は十分であり,また良好な保水性も有することが報告されている.固体酸などのプロトンキャ

```
         OiPr                OEt                   OiPr
          |                   |                     |
          B             EtO-Si-OEt           iPrO-Ti-OiPr
         / \                  |                     |
      iPrO  OiPr             OEt                   OiPr

         OMe              OEt     OEt               OH
          |                |       |                 |
     MeO-Si-Hex      EtO-Si-(CH₂)x-Si-OEt       HO-Si-OH
          |                |       |                 |
         OMe              OEt     OEt              (CH₂)₃
                                                    |
                                                   SO₃H
```

(11)

リアを添加する必要があるが分子レベルで高分散させることが可能で，数 nm 程度の含水架橋ゲル構造を有している．さらにトリヒドロキシシリルプロパンスルホン酸を用いれば，スルホン酸基を共有結合で導入することも可能である．プロトン伝導度の絶対値は他の電解質材料に比べ若干低いが，高温においてもその値を保持できることが魅力であり，製膜性と安定性の向上が期待される．

5.5 これから何が必要か？

以上，さまざまな分子構造の炭化水素系高分子電解質膜の代表例を紹介した．主に芳香族系の材料が中心であるが，これらは一般的に，
① 硬い分子骨格から構成されているため，特に乾燥状態（または低湿度雰囲気下）で柔軟性に欠け脆くなる．
② 主鎖とスルホン酸基の親疎水差が顕著でないため，プロトンの移動経路となる親水イオンチャンネルが狭く連結が悪い．
③ 芳香族スルホン酸基の酸性度が小さく（pKa=0〜1，パーフルオロ系電解質膜の pKa は -6），水分子が少ないと解離しているプロトン数が少なくなる．
という特徴がある．結果として，低含水時の特性が低くなるということになるが，燃料電池の反応分子（水素，酸素，メタノール）の透過率が低く抑えられるという利点にもつながる．今後は，イオン

チャンネル径を増大させずに水分管理と膜強度をいかに改善するかが課題である．

参考文献

1) K.D. Kreuer: *J. Membr. Sci.*, **185**, 29, (2001).
2) F. Wang, M. Hickner, Q. Li, W. Harrison, J. Mecham, T.A. Zawodzinski, J.E. McGrath: *Macromol. Symp.*, **175**, 387, (2001).
3) K. Miyatake, Y. Chikashige, M. Watanabe: *Macromolecules*, **36**, 9691, (2003).
4) L. E. Karlsson, P. Jannasch: *J. Membr. Sci.*, **230**, 61, (2004).
5) K. Miyatake, H. Zhou, H. Uchida, M. Watanabe: *Chem. Commun.*, 368, (2003).
6) N. Asano, K. Miyatake, M. Watanabe: *Chem. Mater.*, **16**, 2841, (2004).
7) J.-M. Bae, I. Honma, M. Murata, T. Yamamoto, M. Rikukawa, N. Ogata: *Solid State Ionics*, **147**, 189, (2002).
8) J. S. Wainright, J.-T. Wang, D. Weng, R. F. Savinell, M. Litt: *J. Electrochem. Soc.*, **142**, L121, (1995).
9) A. E. Steck, C. Stone: *Proceedings of the 2nd International Symposium on New Materials for Fuel Cell and Modern Battery Systems*, 792, (1997).
10) T. Yamaguchi, F. Miyata, S. Nakao: *J. Membr. Sci.*, **214**, 283, (2003).
11) I. Honma, Y. Takeda, J.-M. Bae: *Solid State Ionics*, **120**, 255, (1999).

第6章

無加湿形電解質膜

6.1 研究の背景

　固体高分子形燃料電池 (PEFC) が，電気自動車用の電源，家庭用の熱電供給装置，さらにはポータブル電源として活発に研究開発されていることを述べてきた．その心臓部ともいうべき電解質膜に関しては，ナフィオンに代表されるパーフルオロアルキルスルホン酸型イオン交換膜（第4章）や，より低価格や低メタノール透過性が期待できる炭化水素系高分子電解質膜（第5章）が主に検討されてきた．これらイオン交換膜は，十分に吸湿した状態でのみ高いプロトン伝導性を示すため，通常 80 ℃以上の温度域では水の蒸発によるプロトン伝導性の低下が起き，燃料電池の特性は低下する．したがって固体高分子形燃料電池の運転温度は，一般的に 80 ℃以下に限定されている．この低温作動性は燃料電池の開始特性という観点からは優れる．しかし，燃料にメタノールや天然ガスなどの改質ガスを用いた場合，改質反応は高温で行われるため，燃料ガスを冷却する必要が生じる．また，発電による発熱で燃料電池の温度が高くなる場合には冷却を必要とする．これらはいずれも燃料電池の総合変換効率を下げる原因となる．また，イオン交換膜のプロトン伝導性は水含量に依存するため，運転中は厳密に水分管理をする必要がある．さらに，低温での電極反応（特に酸素還元反応）は遅いため，

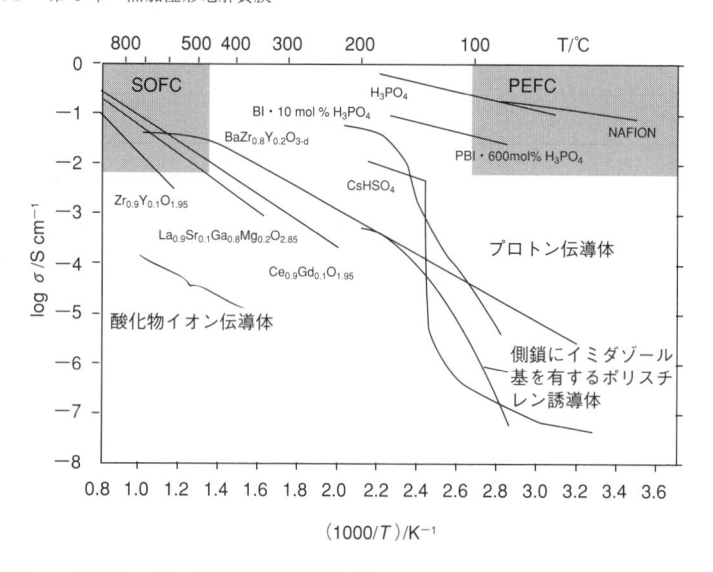

図 6.1 現状での高分子固体電解質形燃料電池 (PEFC) および固体酸化物形燃料電池 (SOFC) に適用可能な材料のイオン導電率の温度依存性[1]

高価な白金系触媒を多量に必要とする.一方,燃料ガスに一酸化炭素が微量でも含まれると触媒を被毒して特性を低下させる.以上述べてきた理由から,より高温(特に 100〜200 ℃の間)で,かつ低加湿さらには無加湿で作動可能な燃料電池用プロトン伝導体の開発が期待されている.

図 6.1 に,燃料電池の電解質としての可能性を持つ物質のイオン導電率の温度依存性を示す[1].100 ℃以下の温度域では,これまでに述べてきたナフィオンを始めとするイオン交換膜が 10^{-2}〜$10^{-1} \mathrm{Scm^{-1}}$ といったきわめて高いプロトン伝導性を示すことがわかる.一方 800 ℃以上の温度域では,Y_2O_3 をドープして酸素欠陥を生成させた ZrO_2 (図中では $Zr_{0.9}Y_{0.1}O_{1.95}$:安定化ジルコニアと呼ばれる)が高いイオン導電性を示す.この導電性は O_2^- イオンの伝導によるもので,

固体酸化物形燃料電池の電解質となるものである．しかし，イオン交換膜を用いる PEFC の作動温度（上限が 100 ℃）と固体酸化物形燃料電池が作動する高温域の間は，燃料電池に用いうる高イオン伝導性の電解質が少ないことがわかる．この温度域で高い導電性を示す物質にリン酸 (H_3PO_4) があり，この主たる電荷キャリヤーはプロトンである．この電解質を用いた燃料電池は，現在，リン酸形燃料電池 (PAFC) として商用化が最も進んでいるシステムである．運転は 170～200 ℃で行われ，廃熱利用もできることからホテル，病院といった施設での熱電供給装置としての利用が図られている．しかし，電解質であるリン酸が液体であるため，これを多孔質炭化ケイ素のマトリックスにしみ込ませた状態で用いられており，PEFC のような大きな負荷変動に伴う両極反応ガス差圧に耐え，また高エネルギー密度化することは不可能である．

2001 年にカリフォルニア工科大学の Haile らが，約 140 ℃で高プロトン伝導相に相転移した $CsHSO_4$ を用いた燃料電池を発表して話題になった[2]．$CsHSO_4$ はこの相転移温度以上では，プラスチッククリスタル（柔粘性結晶）相となり，高いプロトン伝導性を示すようになる．プラスチッククリスタル相とは，巨視的には固体であるが SO_4 イオンが微視的には再配向の自由度を持ち，これに伴い SO_4 のテトラヘドラルに結合していたプロトンが可動になるというメカニズムである．液晶が，固体様の規則性を持った液体であるのに対し，プラスチッククリスタルは液体様の自由度を持った固体とも言える．Haile らのグループはこの結晶粉体を圧縮したペレット状成形体を用い，無加湿燃料電池用の電解質として機能することを示した．しかし，実際には結晶が名前のとおり柔らかく機械的特性に劣ること，水への溶解性が高いこと，還元安定性が低いことなどのため，実用的には問題が多いことも明らかとなってきている．

第4章でも述べたように,パーフルオロ系高分子電解質膜では,疎水性の主鎖と親水性の側鎖が相分離し,いわゆるイオンクラスター構造を形成する.このクラスター構造中に多くの水分子が取り込まれ,スルホン酸基の解離を促進すると同時に,水分子の高い運動性が速いプロトン輸送を実現させている.すなわち,上述したプラスチッククリスタルと同様に,巨視的には固体であるが,微視的には液体状態を実現していると見ることもできる.

6.2 プロトンキャリヤーとしての水

ここでナフィオンのようなイオン交換膜でなぜ高いプロトン伝導性が発現するかを見てみよう.イオン交換膜に固定されているスルホン酸基あるいはパーフルオロアルキルスルホン酸基は,強酸あるいは超強酸であるから,膜が水に十分に膨潤した状態では,そのプロトンは解離していると考えられる.解離したプロトンは膜中の水と反応し,ヒドロニウムイオンを始めとするオキソニウムイオンを形成する.すなわち,膜中の水は,強酸水溶液と同様の状態と考えられる.この中をプロトンはどのように移動しているのであろうか? 図 **6.2** に NMR から求められた塩酸中の水分子の拡散係数 (D_{H_2O}) と,イオン導電率 (σ) からネルンスト–アインシュタインの関係 (n は単位体積当たりのイオンキャリヤー数,e はキャリヤー当たりの素電荷)

$$\sigma = ne^2 D_\sigma / kT$$

から求められた拡散係数 (D_σ) の関係を示す[3].興味深いことに D_σ の値は D_{H_2O} の値より1桁近く大きいことがわかる.もし,プロトンが H_3O^+ として動いているとすれば図のような結果は成立しない.

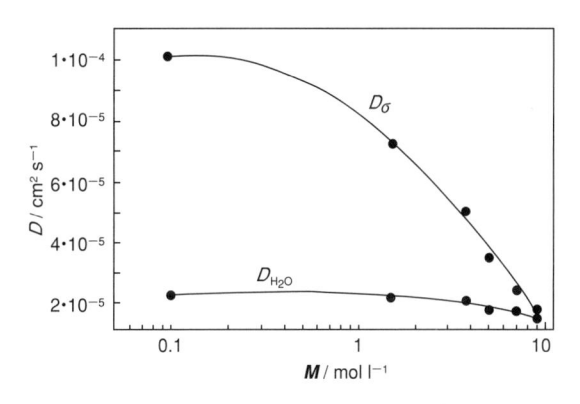

図 6.2 塩酸の濃度と,導電率から求まる拡散係数 (D_σ) および水の自己拡散係数 (D_{H_2O}) の関係[3]

これは

$$H_3O^+ + H_2O \rightarrow H_2O + H_3O^+$$

のような水分子間でのプロトン移動反応が起きているためと考えられており,Grotthuss メカニズムと呼ばれている[4]. このプロトンホッピングが起きるため,H_3O^+ の巨視的な拡散を伴わなくてもプロトン移動が可能となり高いプロトン伝導性を示すわけである.しかし,常温という温度でなぜこのような反応が起きるのであろうか? 水分子の O–H 結合の結合エネルギーは 460kJ/mol であり,室温でこの結合が切れる確率はほぼ零である.実は水分子同士の強い水素結合のネットワーク形成がこの反応を可能にしているのである.水同士,あるいはヒドロニウムイオンと水が水素結合し,OH⋯O の結合距離が短くなればなるほど,O–H 結合の結合長は長くなり結合が弱まる[5]. すなわち,強い水素結合があると,プロトン移動の活性化エネルギーが著しく低下するために,このような結合交換が可

Grotthussメカニズム（プロトンホッピング）

Vehicleメカニズム（水和イオン輸送）

図 **6.3** プロトン伝導のモデル[6]：Grotthuss メカニズム，プロトンは水分子（キャリヤー）の間で次々に手渡される．Vehicle メカニズム，プロトンは水分子（キャリヤー）が動いて運ばれる

能になると考えられている．さらに，プロトン移動した後の水素結合の再配向のために，水分子の局所的な高い運動性も必要と考えられている．また，図 6.2 から塩酸濃度が増すにつれて D_σ と D_{H_2O} の値は接近し，Grotthuss メカニズムの寄与が減少していることが観て取れる．

図 **6.3** に水中でのプロトン輸送のメカニズムを表す模式図を示す[6]．ここで人は水分子を，ボールはプロトンを表している．したがってボールを持っている人はヒドロニウムイオンということになる．Grotthuss メカニズムではボールは人から人へと次々に受け渡されることにより，迅速かつ活性化エネルギーの小さなプロトン輸送が可能となる．この場合，水分子はプロトンの溶媒として働くだけでなく，プロトンのドナー，そしてアクセプターとして働いていることがわかる．酸性水溶液中のもう一つのプロトン輸送メカニズムと考えられているのが Vehicle メカニズムである．この場合，ボー

ル（プロトン）は人（水）という乗り物に乗って動いているためにこのような名前が付けられている．この輸送機構では通常のイオン輸送と同様に，ヒドロニウムイオン自身の移動を伴うのでプロトン輸送速度は Grotthuss メカニズムより遅く，かつ伝導の活性化エネルギーも大きくなる．実際の酸性水溶液中では，濃度（図 6.2）や温度によって二つの機構の寄与は変化するが，これらが同時に起きていると考えられている．温度上昇させると，二つのメカニズムの活性エネルギー差から，一般的に Grotthuss メカニズムの寄与は減少する．このように，酸性水溶液中で，水分子はいずれのメカニズムにおいてもプロトンキャリヤーとして働いていることがわかる．

6.3 水以外のプロトンキャリヤー

水より耐熱性があるプロトンキャリヤーは存在しないのであろうか？ 分子間にプロトンを自己解離できる程度の水素結合ネットワークが形成され，かつ自身がプロトンアクセプターそしてプロトンドナーとして働けるような分子である．さらにこれら分子の局所的な再配向は十分に速く，迅速なプロトン輸送を可能にする．このような分子が存在すれば，無加湿燃料電池の電解質としての可能性が開ける．このような物質の典型例に塩基性物質であるイミダゾール，そして酸性物質であるリン酸がある．

イミダゾールは複素環式塩基であり，水素結合ネットワークを持つ物質として古くから興味が持たれてきた．また，生体系でのヒスチジンを介したプロトン輸送との関連からも研究が進んだ[7]．イミダゾール (Im) は，融点 (90℃) 以上の液体になると 10^{-3} Scm^{-1} の桁の導電率を示すことが知られている[8]．この高い導電率には以下に示すようなプロトンの自己解離反応が重要な役割を果たしてい

$$2 \text{ (Im-H)} \longrightarrow \text{(ImH}_2^+\text{)} + \text{(Im}^-\text{)}$$

(1)

る **(1)**. NH⋯N 間の水素結合のためこのようなプロトン移動反応が可能になる.このときのプロトン解離度は 10^{-3} 程度であることが知られている.この自己解離反応が起きると,Im^- および Im^+ は一種のプロトン欠陥(水中での OH^- および H_3O^+ に対応)として働き,図 **6.4** に示すようにこれらの欠陥の Grotthuss 的な移動,水素結合の再配向,さらには欠陥の再結合の過程が繰り返されること

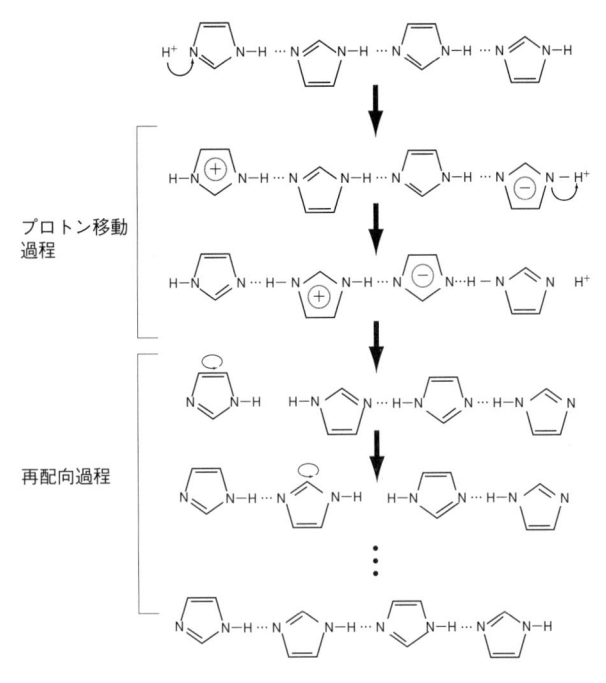

図 **6.4** 溶融状態のイミダゾール中でのプロトン輸送モデル[8]

により，プロトン伝導性が発現すると考えられている[8]．実際にイミダゾールでは，酸性水溶液と同様に，Vehicleメカニズムによるプロトン輸送よりはるかに速いGrotthuss的輸送が観測されている．プロトンキャリヤーであるイミダゾールは150℃付近から重量減少を示すが，水と比較するとその耐熱性は高い．

酸性物質で水素結合のネットワークを持ちプロトンの自己解離によって高いプロトン伝導性を示す物質にリン酸がある．融点は42℃であり，融点以上の温度でリン酸は$10^{-2} \sim 10^{-1}$ Scm^{-1}という水溶液なみのイオン伝導性を示す（図6.1）．リン酸も

$$2H_3PO_4 \rightarrow H_4PO_4^+ + H_2PO_4^-$$

なる自己解離を起こすことが知られており，その解離度は10^{-1}程度とイミダゾールと比較するとかなり高い．生成したイオン種がプロトン欠陥として働き，水素結合網目を介してプロトン輸送が起きると考えられている[9]．リン酸は200℃を過ぎると脱水反応が進行するが，これ以下の温度では安定で，その高いプロトン伝導性を利用して170〜200℃で運転されるPAFCに利用されていることは前述のとおりである．

これら水と比較して耐熱性のプロトンキャリヤーに，酸あるいは塩基を添加したらどのような現象が発現するであろうか？　図**6.5**にイミダゾール/硫酸系の組成とイオン導電率の関係を[10]，図**6.6**にイミダゾール/HTFSI（ビストリフルオロメタンスルフォニルイミド，$HN(SO_2CF_3)_2$）系の組成とイオン導電率の関係を示す[11]．両者を比較すると非常に興味深いことがわかる．硫酸系では，酸過剰組成と塩基過剰組成の両方の組成に導電率の極大が観測される．一方，HTFSI系では酸過剰組成で導電率の極大は観測されず，塩基過剰組成に向けて単調な導電率の増大があり極大を示す．

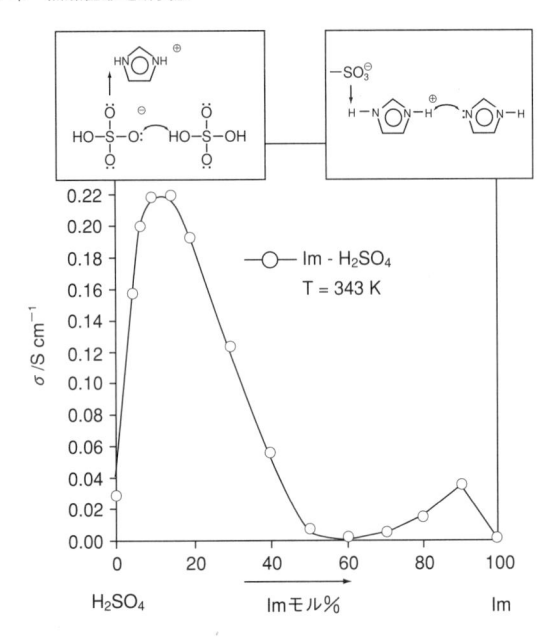

図 6.5 イミダゾール (Im)/硫酸系でのイオン伝導率のイミダゾール組成依存性 (70 ℃)[10]

硫酸にイミダゾールを添加していくと，イミダゾールが硫酸のプロトンを引き抜き，HSO_4^- を生成する．硫酸はプロトンキャリヤーとして機能するために，生成した HSO_4^- がプロトン欠陥として働き H_2SO_4 との間にプロトンの Grotthuss 的輸送が起きるため導電率の増加が起きる．1:1 組成付近となると硫酸はすべて HSO_4^- となるために，導電率が低下し極大が現れる．70 ℃におけるイオン導電率は 10^{-1} Scm^{-1} 以上と水溶液なみの導電率となる．塩基過剰の組成でも同様で，イミダゾールはプロトンキャリヤーとして働くため，イミダゾールに硫酸を添加していくとイオン導電率に極大が現れる．

一方，イミダゾール/HTFSI 系では，イミダゾールはプロトンキャ

6.3 水以外のプロトンキャリヤー 73

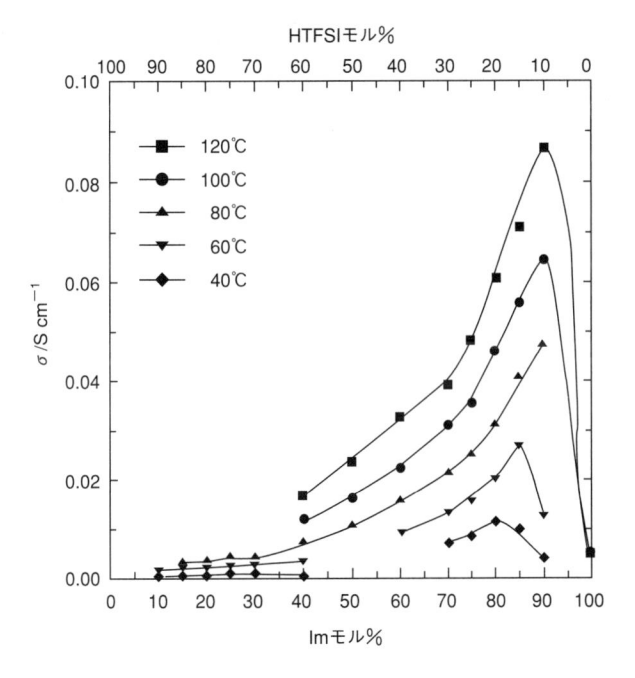

図 6.6 イミダゾール (Im)/HTFSI (HN(SO$_2$CF$_3$)$_2$) 系でのイオン導電率の組成依存性[11]

リヤーとして働くのに対して HTFSI はプロトンキャリヤーとして働かないため，イミダゾール過剰組成でのみイオン導電率の極大が現れる．[イミダゾール]/[HTFSI] = 9:1 の組成では，120℃においてイオン導電率はほぼ 10^{-1} Scm^{-1} に到達する．また，この系は酸過剰組成，塩基過剰組成それぞれで共晶混合物を形成し，−7℃，5℃の共晶点を持つため，液体温度範囲が広く，室温でイオン性融体を与える．30℃における [イミダゾール]/[HTFSI] = 8:2 の融体のプロトン輸率は 0.7，またプロトン輸送に占める Grotthuss メカニズムの寄与は 30% 程度であることが NMR 測定の結果から明ら

6.4 非水系プロトン伝導体の高分子膜化

　非水系プロトンキャリヤーを用いたプロトン伝導体は，多くの場合液体状態であるため，電解質の薄膜化による燃料電池の高エネルギー密度化を図るためには固体化が望まれる．固体薄膜化するためにはどのような方法論があるだろうか？　これまでに検討されている方法は

① 無機あるいは有機の多孔膜への含浸．
② 高分子膜への相溶化．
③ 高分子酸あるいは高分子塩基への非水系プロトンキャリヤーのドープ．
④ 非水系プロトンキャリヤーの高分子化さらにプロトン欠陥を生成させるための酸あるいは塩基のドープ．

などである．①の典型例は PAFC で用いられているようなリン酸を多孔質炭化ケイ素のマトリックスに含浸させた電解質複合体である．無機のマトリックスの代わりに高分子の多孔膜を用いることもできる[12]．②は非水系プロトン伝導体を相溶化した一種の高分子ゲルである．前述したイミダゾール/HTFSI系プロトン伝導体は，ポリメタクリル酸メチルの架橋体と相溶し，プロトン伝導性ゲルを与えることが報告されている[12]．

　③の典型例として，リン酸をドープしたポリベンズイミダゾール(PBI) が挙げられる[13,14] **(2)**．

(2)

リン酸は前述したように自己解離度が高いため,塩基をドープしてもそのイオン導電率の増大が観測される例は少ない.一般にリン酸量を高くするに従いイオン導電率が上がる[15].その導電率の一例は図 6.1 に示されている.またこの例とは逆に,高分子酸にイミダゾールをドープした例も報告されている.図 **6.7** に,スルホン化ポリエーテルエーテルケトン (**3**) にイミダゾールをドープした系のイ

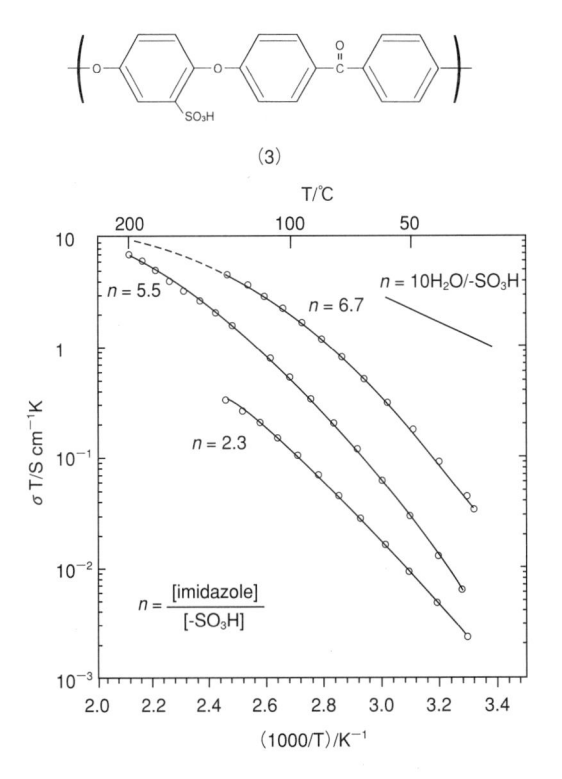

(3)

$n = \dfrac{[\text{imidazole}]}{[-SO_3H]}$

図 6.7 イミダゾールをドープしたポリエーテルエーテルケトンのイオン導電率のアーレニウスプロット(イミダゾールの代わりに水によって膨潤した場合も比較のために示してある)[10]

オン導電率のアーレニウスプロットを示す[10].比較にプロトンキャリヤーとして水を用いた例も示されている.同一温度では水系と比較するとイミダゾール系のイオン導電率は低いが,100℃以上の温度域となると水系に匹敵するイオン導電性を示すことがわかる.

④の非水系プロトンキャリヤーを固定化した高分子膜は,マックスプランク固体研究所そして高分子研究所などで精力的に研究が進められている[16-18].その一例に,「側鎖にイミダゾール基を有するポリスチレン誘導体」がある[16] **(4)**.

(4)

プロトンキャリヤーを固定化した高分子は,プロトン伝導性高分子として理想的であるが,迅速なプロトン輸送を可能とするためにはキャリヤー間水素結合網目の形成,さらにプロトン移動に伴う水素結合の再構成のためのイミダゾール基の局所的ダイナミックスを確保するために,イミダゾールは柔軟なスペーサーを介して主鎖に結合した構造が設計されている.この高分子のイオン導電率は,図6.1 に示されている.

6.5　低加湿あるいは無加湿条件下での燃料電池発電

非水条件下でのプロトン伝導性に関しては多くの報告がなされて

いるのに対し，低加湿あるいは無加湿条件下，100℃以上での燃料電池発電の結果については，まだまだ報告例が少ないのが現状である．図 6.8 にリン酸ドープ PBI を 200℃においてメタノール/酸素燃料電池に応用した発電結果を示す[13]．アノード側には 4：1 のモル比のメタノール/水混合気体が供給され，カソードには加湿した酸素が供給されている．電流密度 250～500 mA/cm^2 で 0.1 W/cm^2 以上の出力が得られると報告されている．加湿条件ではあるが，200℃という温度で発電可能という興味深い結果である．

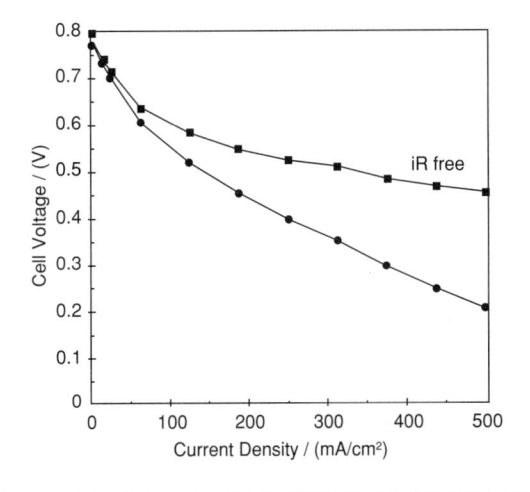

無加湿，100℃以上の温度における非水状態のプロトン伝導体を用いた発電結果はほとんど報告されていない．最近，イミダゾール/HTFSI＝1/1 の中性塩を電解質に用いた発電結果が報告された[19,20]．

図 6.8 ポリベンズイミダゾール (PBI)/リン酸複合体（リン酸含量は PBI 繰返し単位に対し 480 mol %）を電解質膜に用いた直接メタノール/酸素燃料電池の 200℃における発電特性：アノード電極触媒，Pt–Ru(4 mg/cm^2)．カソード電極触媒，Pt(4 mg/cm^2)．膜抵抗を補正したデータ（iR フリー）も併せて示してある[13]

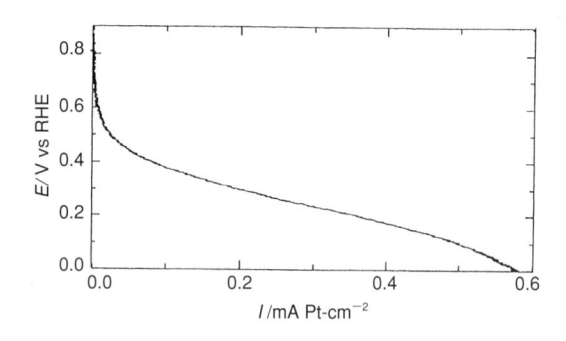

図 6.9 イミダゾール/HTFSI(1/1) を電解質に用いた水素/酸素燃料電池の 130 ℃,完全無加湿下での分極特性[18]

電解質が融点以上の塩（イオン液体）で液体のため，燃料電池は，この電解質に 2 本の白金電極を挿入し，それぞれの電極に水素および酸素を吹き込んだ形のグローブ形燃料電池に近い単純な構造である．図 6.9 に 130 ℃における発電結果を示す．これが非水系塩基性プロトンキャリヤーを用いた初めての無加湿燃料電池発電の結果となる．発電電流密度が著しく小さいのは，これが用いた白金電極の表面積から求めた真の電流密度であるからである．図 6.8 の結果を始め，通常の膜型燃料電池では，触媒担持カーボンを用いた電極の見かけの面積当たりで電流密度を表示しているため，実質電極面積は見かけの面積より著しく大きい．

現在のところ，非水系プロトンキャリヤーを用いた無加湿燃料電池の発電結果に関してはほとんど報告例がない．新しい非水系プロトン伝導体，電極反応の動力学，電極触媒の研究とともに，今後の研究の発展が大いに期待される領域である．

参考文献

1) K. D. Kreuer: *CHEMPHYSCHEM*, **3**, 771, (2002).
2) S. M. Haile, D. A. Boysen, C. R. Chisholm, R. B. Merie: *Nature*, **410**, 910, (2001).
3) K. D. Kreuer, S. J. Paddison, E. Spohr, M. Schuster: *Chem. Rev.*, **104**, 4637, (2004).
4) C. J. D. van Grotthuss: *Ann. Chim.*, **58**, 54, (1806).
5) K. D. Kreuer: *Chem. Mater.*, **8**, 610, (1996).
6) K. D. Kreuer, A. Rebenau, W. Weppner: *Angew, Chem. Int. Ed.* **21**, 208, (1982).
7) T. E. Decoursey: *Physiol. Rev.*, **83**, 475, (2003).
8) A. Kawada, A. R. McGhie, M. M. Labes: *J. Chem. Phys.*, **52**, 3121, (1970).
9) T. Dippel, K. D. Kreuer, J. C. Lassegues, D. Rodriguez: *Solid State Ionics*, **61**, 41, (1993).
10) K. D. Kreuer, A. Fuchs, M. Ise, M. Spaeth, J. Maier: *Electrochim. Acta*, **43**, 1281, (1998).
11) A. Noda, M. A. B. H. Susan, K. Kudo, S. Mitsushima, K. Hayamizu, M. Watanabe: *J. Phys. Chem. B*, **107**, 4024, (2003).
12) M. A. B. H. Susan, A. Noda, N. Ishibashi, M. Watanabe: *"Solid State Ionics: The Science and Technology of Ions in Motion"*, Edited by B. V. R. Chowdari *et al.*, World Scientific, Singapore, 2004, pp.899-910.
13) J. S. Wainright, J.-T. Wang, D. Weng, R. F. Savinell, M. Litt: *J. Electrochem. Soc.*, **142**, L121, (1995).
14) S. R. Samms, S. Wasmus, R. F. Savinell: *J. Electrochem. Soc.*, **143**, 1225, (1996).
15) M. Rikukawa, K. Sanui: *Prog. Polym. Sci.*, **25**, 1463, (2000).
16) H. G. Herz, K. D. Kreuer, J. Maier, G. Scharfenberger, M. F. H. Schuster: *Electrochim. Acta.*, **48**, 2165, (2003).
17) M. F. H. Schuster, W. H. Meyer, M. Schuster, K. D. Kreuer: *Chem. Mater.*, **16**, 329, (2004).
18) H. Matsuoka, H. Nakamoto, M.A.B.H. Susan, M.Watanabe: *Elactrochim. Acta.,* **50**, 4015, (2005).
19) M. A. B. H. Susan, A. Noda, S. Mitsushima, M. Watanabe: *Chem. Commun.*, 938, (2003).
20) M. A. B. H. Susan, A. Noda, M. Watanabe: *"ACS Symposium Series 902, Ionic Liquids IIIB: Fundamentals, Progress, Challenges, and Opportunities"*, Edited by R. D. Rogers et al., The American Chemical Society, Washington, DC, 2005, pp.199-215.

第7章

白金系電極触媒

7.1 燃料電池電極触媒の特性支配因子

電池セルの性能は，電解質膜/電極接合体 (MEA) の投影電極面積当たり，どれだけ出力（電流密度 × 電圧）が得られるかで決まる．仮に，電解質に溶けた反応物が単純に平坦な電極に濃度勾配に従って供給されると，そのときの電流密度は最大でも $I = 0.2\mathrm{mA/cm^2}$（見かけ電極面積）程度と小さく実用的でない．そこで，図 **7.1** に模式的に示した MEA の触媒層中に三次元的に触媒を分散担持し，そのすぐ近傍まで水素，酸素などの反応ガスを速やかに搬送できるサブミクロンのガスネットワーク①と，この触媒に接しプロトン通路となる電解質ネットワーク②，同じく反応にかかわる電子 (e) の通路となるカーボンネットワーク③からなるガス拡散電極を用いる．これにより，触媒表面で起こる二次元的反応を擬三次元的空間で起こすことが可能となる．この三次元構造材としては，図 **7.2** に模式的に示すような導電性で比表面積が大きいカーボンブラック（CB：粒径が数十 nm の一次粒子が融着した凝集体を作り，さらにこれらが二次的に集合したもので，その比表面積は数十〜1000 $\mathrm{m^2/g}$）が通常用いられる．図 **7.3** の電子顕微鏡写真に示すように，この CB（数十 nm の大きな塊）表面に貴金属の白金 (Pt) またはこの合金（多数の微粒黒点）をナノ粒子サイズで担持（粒径：2〜数 nm，比表面

82   第7章　白金系電極触媒

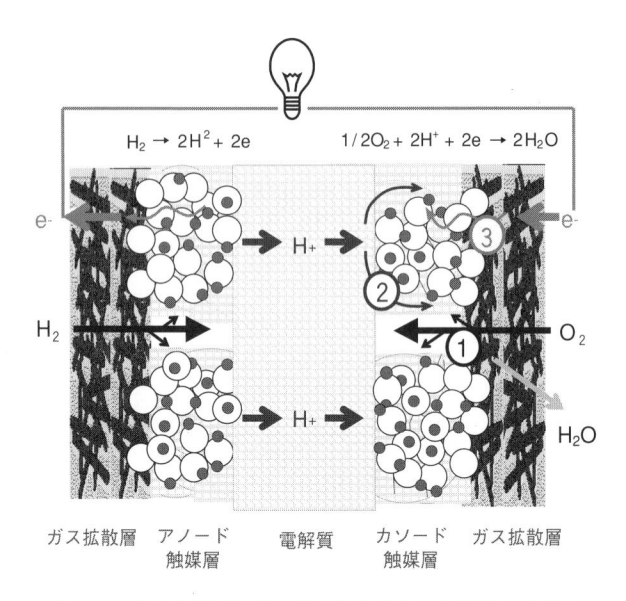

$H_2 \rightarrow 2H^+ + 2e$　　　$1/2 O_2 + 2H^+ + 2e \rightarrow 2H_2O$

ガス拡散層　アノード　　電解質　カソード　ガス拡散層
　　　　　　触媒層　　　　　　触媒層

図 7.1　高分子形燃料電池の膜/電極接合体の内部構造の模式図

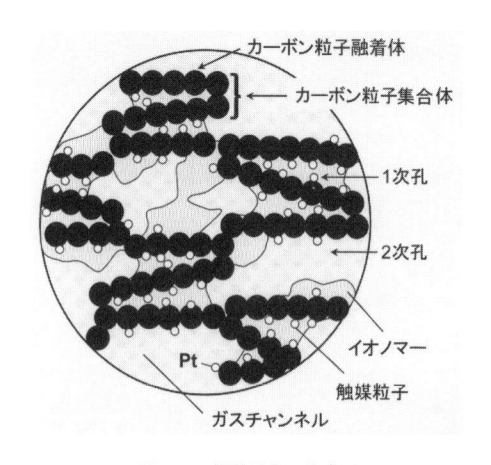

カーボン粒子融着体
カーボン粒子集合体
1次孔
2次孔
イオノマー
触媒粒子
Pt
ガスチャンネル

図 7.2　触媒層内の模式図

7.1 燃料電池電極触媒の特性支配因子

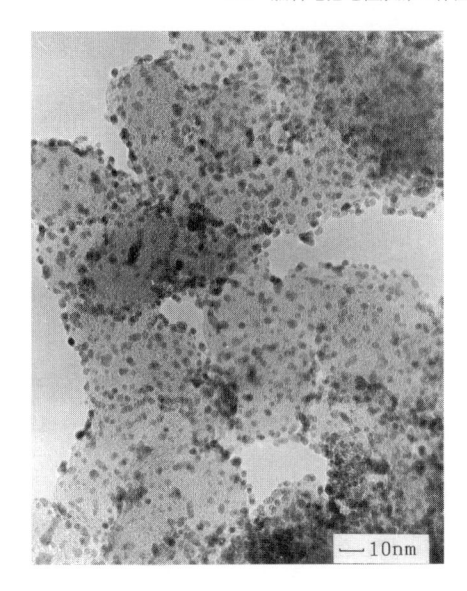

図 7.3 カーボンブラック担持触媒 (30wt.%) の電子顕微鏡写真

積：数十〜130 m²/グラム白金) する．その結果，1mg の触媒を使うだけで見かけ電極面積の1万倍以上の触媒実表面積を利用することが可能となる．このガス拡散電極では平滑電極で得られる電流密度の数千〜1万倍にあたる数アンペア (A)/cm² (投影電極面積) の反応電流密度が，比較的容易に得られる．

しかし，このような電極でも，なお白金使用量を現状からさらに 1/10 とすることが求められている．そこで，重量活性 j_w (電流密度/グラム白金) を次のように定義して，この課題解決の可能性を考えてみよう．

$$I = j_w \times w = j_s \times s \times w$$

ここで，j_s は比活性 (電流密度/触媒表面積)，s は比表面積 (触媒

表面積/グラム白金），w は触媒担持量（グラム白金/投影電極面積）を示す．w の低減には，j_s または s の増大が必須なことが明らかである．j_s は触媒固有値であり，アドアトム修飾（Pt 表面にルテニウム (Ru)，スズ (Sn) その他の第 2，第 3 元素の原子状，またはナノ粒子として付着）や合金化によって，単味触媒の固有活性以上の値を実現することが可能となる．値 s は，担体上に触媒を高分散担持することで，$100\mathrm{m}^2/\mathrm{g}$ 以上の値とすることも可能である．しかし後述するように，いわゆる "粒子サイズ効果" や腐食による粒成長（s 低下），表面組成変化による活性低下（j_s 値の低下）などの問題もあり，これは別途検討しなければならない．さらに，触媒が一酸化炭素 (CO) などで被毒されると s 値が実質的に低下する．このような種々の問題を解決した上で，触媒に十分反応ガスを供給し，また生成物を除去できるガス拡散電極の微細構造設計ができれば，開発した触媒の機能をフルに活用できることになる．

7.2 触媒固有の活性（比活性）の増大

まず，比活性 j_s の増大に視点を置いて議論しよう．これを支配する因子としては，表面の幾何学的因子，電子構造因子，表面組成，その他が考えられる．以下に，これらの幾つかに関して紹介する．

A. 触媒表面の幾何学的因子

図 7.3 の個々の触媒粒子をズームアップしてみると，ほとんどが結晶方位 (111) 面から成り，一部が (100) 面を示す単結晶粒子から成っていることが観察される．一般に粒子がナノサイズになると不安定となるが，その中で最も安定な構造はこれらの結晶面であるためと考えられる．このことは，熱力学的計算で，**図 7.4** に示すような

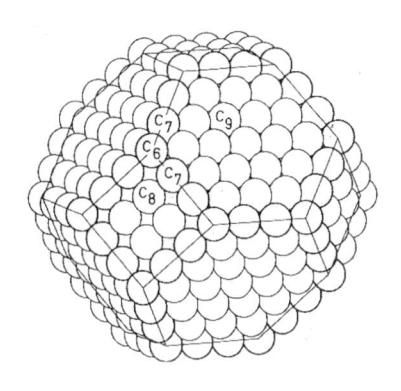

図 7.4 Cubo-octohedoral（14面体）クラスタ触媒粒子モデル

(111)面8個と(100)面6個からなる14面体微結晶が安定構造の一つとされていることとよく符合する．図に示された粒子は，586原子から構成されている．これを単味Ptと仮定すると，粒径は2.57nmと計算される．これ以下の微粒子では先ず(100)面が消失し，最終的にはいちばん安定構造と考えられる(111)面のみの構造を示すと考えられる．実用的な燃料電池反応は，このような基本的低指数面上で反応が起こっている．

しかし，今の時点で，触媒反応の面方位依存性を考慮しておくことは必要である．方位を制御した単結晶電極面の作成と触媒反応性に関しては，古屋らにより以前に詳細な検討がされた[1]．図 7.5 はメタノール酸化における反応開始直後と被毒中間体のCOが蓄積（後述）した2分経過後の異なる低指数面の活性の比較をしたものである．初期活性，限界電流（吸着反応速度），耐被毒性が露出面に大きく依存することがわかる．表面に原子レベルのステップがある(110)面が常に活性が高い．他方，(111)面のそれは被毒後の活性低下が著しく，限界電流も最小となる．主に(111)面で構成される実用触媒

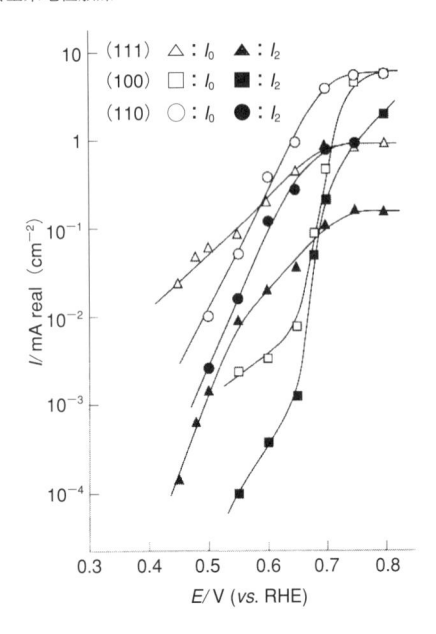

図 7.5 反応初期(白抜き記号)および被毒後(黒記号)のメタノール酸化活性の面依存性

が使われている PEFC で,CO を含む改質燃料を用いたとき,強い触媒被毒の懸念材料とも思われる.しかし,同じく被毒中間体 CO が関与する CHO, HCOOH 酸化反応などで,そのとおりとなっていない.反応物や被毒種の吸着に関係する触媒表面原子の配向,結合電子軌道などが複雑なことを示唆している.他方,水素酸化反応は,有機物酸化や酸素還元反応と比べ 4 桁以上大きく,その反応速度は方位依存性を示さない.しかし,酸素還元反応では,図 7.6 に示すように,硫酸電解質 (0.05M) 中で測定した (111) 面での速度が,(100) 面に比べて 1/3 程度と低くなることを Markovic らが報告している[3].電解質が過塩素酸や水酸化ナトリウムの水溶液では

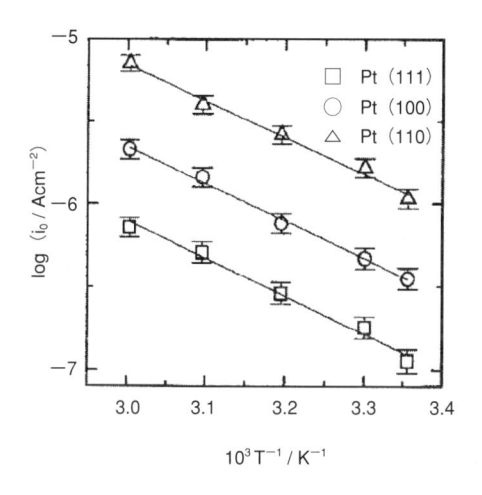

図 7.6 酸素還元活性(交換電流密度)の面方位および温度依存性

違いがあまり無いことから,彼らは微粒子化に伴い存在比が増大する (111) 面へ硫酸アニオンの特異吸着が起こりやすく,活性の大きな低下が起こっている可能性を,最近指摘している.

B. メタノール酸化における触媒合金化と二元触媒作用

メタノールおよびその中間酸化体,および CO を直接酸化するために,白金属どうしの二元,三元合金黒が検討され,その活性と組成の関係において,以下の規則性が見いだされた[3]. 単味金属種が,(A) 有機物吸着性を有し,かつある程度酸化活性を示すもの,(B) 有機種吸着性が低い反面,酸素吸着性が高く,しかし,単独ではほとんど活性を有しないものに分類され,A–A 合金では,互いの活性を単純に薄める希釈効果しか現れない.しかし,A–B 合金では,組成比 (1:1〜1:2) に極大を示す顕著な協力効果を示す.以上の結果から,合金触媒表面で A,B 金属が各元素固有の化学的性質を維持し,

Aサイトが有機小分子を吸着し，Bサイトが酸素種を低過電圧下で電極面へ吸着（律速過程）することにより，両吸着種間の反応が促進されて，協力効果を示すとする"二元機能触媒仮説"が提案された．この仮説によれば，A電極表面にB金属原子を一原子層以下析出させた単原子層合金電極（アドアトム電極）でも，バルクまでA–B合金の活性—組成関係と同様の関係を示すと予測され，一連のアドアトムによる触媒研究に発展した[4]．図 **7.7** には，一例としてPt–Ru系のメタノール酸化—組成の関係を示す．単味で活性なPtに不活性なRuを制御して一原子層以下電析させた単原子層合金表面では，Ptの20倍の極大活性が得られ，合金黒とアドアトム電極の関係と驚くほどよく一致することが見いだされた．また，反応中の各サイト上の吸着種の被覆率も測定され，先に提案した"二元機能触媒仮説"が実証された[4,5]．このメタノールの酸化において，Ru添加に伴う初期の活性増加は酸素種の導入効果であり，極大値以後の活性減衰は有機種の吸着速度の減少によるものである．同じ図に示すよ

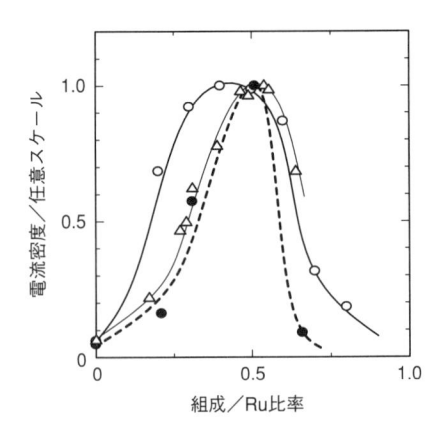

図 **7.7** Pt–Ru系触媒のメタノール酸化活性の組成依存性．○：合金黒 ($d \fallingdotseq 8\text{nm}$)，△：Ruアドアトム付Pt表面，●：CB担持Pt

うに，カーボンブラックに担持したナノ粒子 Pt–Ru 合金の活性—組成関係もよく一致し[5]，アドアトム法は実用触媒の簡便な探索手段としてもきわめて有用なことが明らかとなった．

上記の検討から，仮に第二成分が卑金属であっても，第一成分との相互作用が強く安定なアドアトム系，いわゆるアンダーポテンシャルデポジション (UPD) が可能な組合せにおいて，新しい触媒を設計できることが示唆された．そこで，各種アドアトム系について触媒挙動を検討した結果，(i) 有機分子の酸化や，その過程で副生し反応を阻害する CO などの酸化に対して，IV，V 属元素中の酸素吸着性元素 (Ge, Sn, As, Sb) の導入によってもたらされる賦活効果[4] の他，(ii) 蟻酸酸化などに対して，それ自体不活性な元素 (Cu, Ag, Au, Cd, Hg, Pb, Bi など) の導入で反応サイトドメインのサイズを制御することでもたらされる被毒抑制効果[6]，(iii) CO 酸化などに対して，電気陰性度の大きな VI 属元素 (S, Se, Te など) による表面サイトの電気陰性度修飾によってもたらされる酸化賦活効果[7]，などが見いだされている．また，同じ酸素吸着性アドアトムであっても，酸素種の吸着が十分速い Pt–Sn 触媒では，純 CO の酸化に対して組成 1:1 に極大活性が現れ，それが比較的遅い Pt–Ru や白金–ヒ素 (Pt–As) などでは第二成分比率が高い組成で最大活性を示すことが明らかにされた．

近年，コンビナトリアル法と呼び，一時に異なる反応条件や組成のサンプルを多数作り，その中から目的の触媒をスクリーニングする方法が注目され，合金触媒設計にもそれが適用されつつある．それにより白金–ルテニウム–オスミウム (Pt–Ru–Os) など多元合金が二元系に比べメタノール酸化に優れるとの論文が報告されている[8]．しかし，その有意差に関しては，合金化度や比表面積 (s) の影響などを除外した「比活性 j_s」によって厳密に評価されるべきであり，

当然のことながら，そのサンプルの状態分析も慎重に実施されるべきである．Pt–Ru 触媒中の Ru の状態に関し，合金相とすべきとの主張と，合金化せず Ru(OH)x とすべきとの主張がある．他方，Pt 表面に Ru を電析，または化学析出させた触媒電極では，Ru が島状析出することが走査型トンネル顕微鏡 (STM) 観測されているにもかかわらず，CO 酸化に高活性が得られることが近年示され，どこが反応活性サイトかが議論されている．高分散合金は，固溶合金相を有し，Ru のコア電子の結合エネルギーがプラスシフトしていることが X 線光電子分光法 (XPS) で観測されている．これから合金表面で Ru サイトが酸素種を吸着し，酸化状態にあると考えられる．上記のような種々の知見を総合すると，触媒活性の向上に対しては，それが酸化物であるか否かよりも，むしろ，Pt と Ru が原子レベルで隣接関係にあることこそ重要と思われる．したがって，固溶合金を担体 CB 表面にできるだけ微粒子で担持したものが，理想触媒の形態であると考えられる．

最近，Pt または Pt–Ru をカーボンナノチューブに担持した場合，単なる CB に担持した触媒より高活性を示すとする論文[9]もあるが，比較対照となる触媒や電極が客観的対象データを示していない場合を多く見受ける．比活性 j_s を厳密に評価するとともに，もし担体効果があるとすれば，それを他の種々の手法で確認することが求められている段階である．触媒能の国際的な評価基準作りのための研究が必須であろう．

C. 合金化によるアノード触媒表面の電子構造修飾効果

天然ガスやメタノールを水蒸気改質した場合，シフトコンバータを用いても通常 0.5～1 ％の CO が残存する．200 ℃付近で運転のリン酸形燃料電池 (PAFC) の場合は，アノード Pt 触媒上の CO 被覆

が抑制され,特性低下はほとんど起こらない.しかし,100℃以下で運転される固体高分子形燃料電池 (PEFC) では,10ppm オーダーの CO でも,純 Pt 触媒のアノードでは被毒で電圧,電流とも 1/5 以下に低下し,事実上運転できない.そのため,100ppm オーダーの CO 共存下でも水素 (H_2) 酸化がほとんど被毒されない触媒が不可欠であり,この要求を満たす触媒として現在は Pt–Ru が広く使われている.渡辺らは 20 数年前に Pt–Ru の耐 CO 被毒性を示した[10] が,Pt に比べ資源的に Ru は乏しい.

そこで,2 種の金属を同時スパッタすることで,任意の組成の合金を簡便に作った.使用条件で触媒が酸素雰囲気(約 1.0V)に曝されることを想定し,精製 0.1M $HClO_4$ 水溶液中で,あらかじめその電位で起こる腐食は起こさせ,電極を安定化させた.その後,電解液を入れ替えて 100ppm CO/H_2 バランスガスを飽和した後,電極を回転して H_2 酸化電流を測定し,さらに CO 被覆率を電気化学法で測定し,耐 CO 被毒効果を簡便に評価した.また,この実験前後で,X 線回折を用いて結晶構造を,電子線マイクロアナライザ (EDX) で合金組成を,また X 線光電子分光法 (XPS) で触媒表面の組成と成分元素の電子構造を評価した.40 種以上の合金電極触媒の中で,耐 CO 被毒性に優れていると報告された Pt–Ru 系の他に,白金–鉄 (Pt–Fe),白金–ニッケル (Pt–Ni),白金–コバルト (Pt–Co),白金–モリブデン (Pt–Mo) の 4 種の合金が著しく高い耐 CO 被毒性を持つことを新たに見いだした(図 **7.8** 参照)[11].このような耐 CO 被毒性を示した電極の定常状態での CO 被覆率はほとんど 0.5 以下で,H_2 の解離吸着・酸化に必要な CO フリーサイトが十分に残されていることが明らかとなった.Pt 合金の XPS の測定において,H_2 酸化活性測定前後の Pt の 4f,4d 電子では XPS 強度変化が認められない(図 **7.9** 参照).しかし,貴金属の Ru の場合を除き,すべての卑

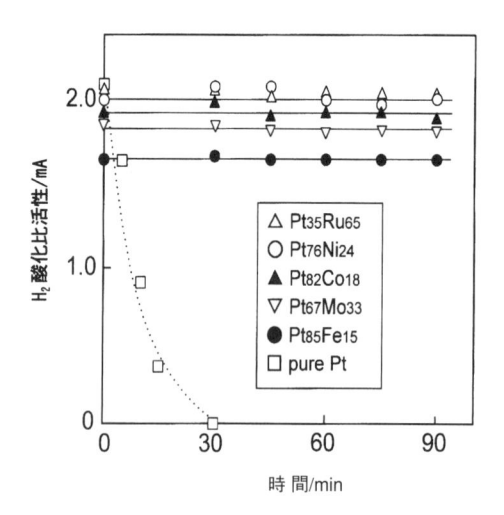

図 **7.8** Pt–卑金属合金触媒の耐 CO 被毒水素酸化特性

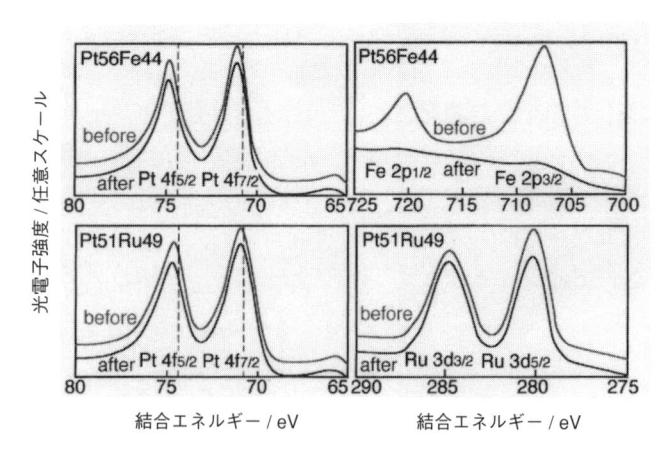

図 **7.9** 試験前後の合金表面の XPS 観察例

金属成分に関して XPS ピークがほとんど消失しており，初期の電極安定化処理の段階で溶出した後に，Pt 保護被膜層が形成されて，こ

のPt層が触媒作用をしていることがわかった．卑金属のXPSシグナルから，表面Pt層の厚さはおおよそ数原子層 (1～3nm) と見積もられた．これは，EQCM測定でも定量的に確認された．さらに，(111)面配向したPtの保護被膜層が形成されていく過程を，STMを使って明確に捉えることができた[12]．耐CO被毒性を示したPt皮膜の4d, 5f電子の結合エネルギーは，すべて単味Ptに比べ0.1～0.5eV正にケミカルシフトし，他方，耐CO被毒性を示さないものは，負にシフトしていることが新たに見いだされた[11]．Pt皮膜の電子状態がその下地合金の電子状態の影響を受けて，反応物との結合にかかわる5d電子に欠陥増大が起こっていることが強く示唆された．合金表面に直接スパッタで純Pt膜を生成して検討した結果，膜厚が1～2nm程度までは下地合金の電子状態の影響を受けて，100ppm CO共存下でも高い水素酸化活性を示した．それ以上の厚みになるとケミカルシフトは減少し，同時に定常的なCO被覆率の増加と活性の減衰が見られ，4nm以上では単味Ptの挙動に戻ってしまうことがわかった．

以上の結果を踏まえると，耐CO被毒性の向上は，5d電子欠陥を持つPt被膜触媒で，CO吸着にかかわるPtからのd電子のバックドネーションが減少し，COのPtサイトとの結合力が低下するために被覆率も低下，その結果生じた空サイト上でH_2酸化が可能になったためと説明される（図**7.10**参照）．ATR–FTIRを用いた，その場 (in-situ) 測定でも，Pt–Fe合金のPt被膜上ではCO被覆率が0.5程度に抑制される．同じ被覆率のとき，単味Pt電極上ではbridgeやhollowサイトに吸着した強吸着性COが観測されるが，Pt被膜電極表面では弱吸着のatopサイトCOのみが観測されることも，この電子欠陥説を強く支持している．

他方，メタノールの酸化において，単味Pt上で生成する酸化され

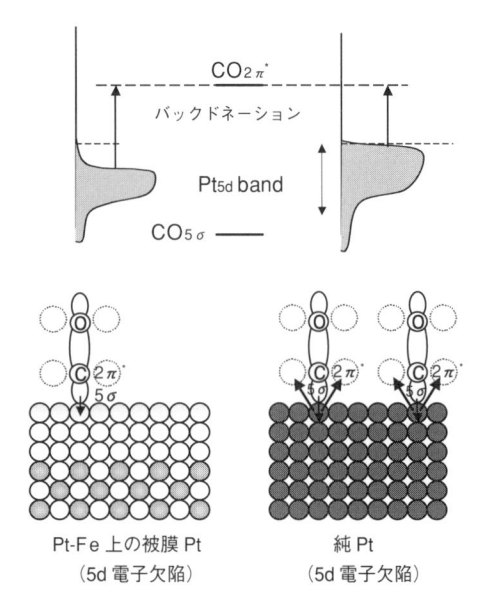

図 7.10 Pt–卑金属合金表面での耐 CO 被毒触媒反応の説明図

にくい脱水素吸着種が CO であることは，Buick，国松によって IR 測定で初めて示され，多くの研究者によって確認されている．それゆえ，メタノール酸化に高活性を示す新触媒の開発と，耐 CO 被毒性触媒の開発が，互いに深く関連していることが明らかとなった．

D. 合金化によるカソード触媒表面の電子構造修飾効果

O_2 の一分子は，Pt などのカソード触媒上に吸着され，次式に示すように H^+, e が付加され，最終的には H_2O を生成する．

$$O_2 + 4H^+ + 4e^- \rightarrow 2H_2O$$

しかし，2.2 節でも述べたように，この反応が進行するためには大き

な過電圧（活性化エネルギー）を必要とする．それは上式で付加される第一個目の H^+, e^- の移動に大きな過電圧を必要とするためである．一担，この移動が起こると，残りの H^+, e^- 移動は崩れ打って起こる．このように反応が遅く，全体の反応速度を律する反応段階を律速段階 (r.d.s.; rate-determining-step) と呼ぶ．

上に述べた耐 CO 被毒合金触媒と同様のスパッタ法で Pt 合金電極を作成し，回転電極法により O_2 拡散を制御した条件下でカソード還元特性を試験した．Pt–Ni, Pt–Co および Pt–Fe 合金電極上では，高電位でも酸化物生成による不活性化が起こらず，単味 Pt に対して著しい活性増大を示した．さらに，電流 j_s と組成の関係は，特定組成で最大値を示すことが見いだされた[13]．電気化学の定法に従って，代表的な合金電極の Tafel プロット（電極電位（または過電圧）と $\log j_s$ の関係）から，単味 Pt 電極と同じ反応機構，律速段階を持ち，そのときの移動電子数 $n = 1$ となることが明らかとなった．チャンネルフロー電極法を用いてその活性の温度依存性を詳細に検討した（図 **7.11** 参照）結果，合金上での反応の活性化エネルギーは，40kJ mol^{-1} と単味 Pt のそれとほぼ同じであり，活性増大は，頻度因子（酸素被覆率）の 2.5〜4 倍の増大に起因していることが明らかとなった．さらに，in-situ 電気化学–光電子分光 (XPS, UPS) 解析などを駆使した結果, (i) 先に述べたアノード合金触媒の場合と同様に，合金電極表面は数原子層 (1〜2nm) の Pt 皮膜からなっていること，(ii) Pt 皮膜の電子状態がその下地合金の電子状態の影響を受けて Pt 単味よりも高い原子価（5d 電子欠損）状態にあること，そして (iii) この Pt 被膜層では，単味白金に比べ反応中の酸素被覆率が 2〜3 倍高いことが見いだされた．以上の研究から，組成に依存する顕著な酸素還元活性極大は，合金化による結合 5d 電子欠損の増大と関係づけて，以下のように説明される（図 **7.12**）．合金化による

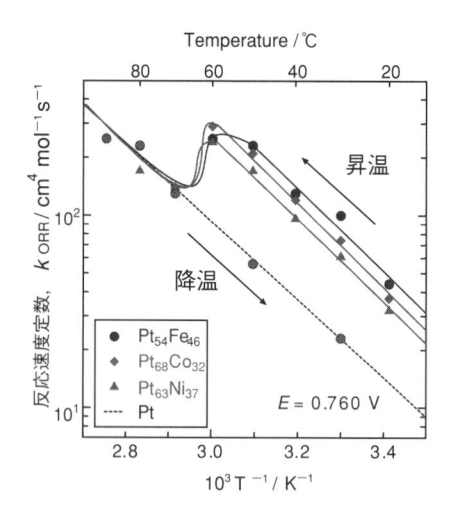

図 7.11 各種 Pt-卑金属合金および単味 Pt 表面での酸素還元の速度定数の温度依存性

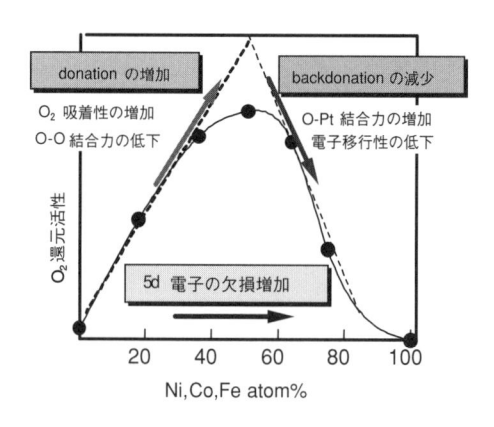

図 7.12 各種 Pt-卑金属合金の酸素還元活性増大機構の概念図

5d 電子欠損の増加は，Pt への吸着酸素分子の 2π 電子供与を増大させる．これは，酸素被覆率の増大と酸素分子内 (O–O) 結合力の低下をもたらす．その結果，電子で充満した別の Pt5d 軌道（例えば

5dyz) から O_2 の $2\pi^*$ 軌道へ電子逆供与され,反応に必要な最初のプロトン付加と,それに続く O–O 結合の切断が容易に起こると考えられる (r.d.s. の促進).しかし,d 電子欠損が大きすぎると,Pt から酸素への電子移動が困難となって活性低下し,さらには酸素の強吸着や表面酸化物の生成が起こり,反応が停止するものと考えられる.

7.3 触媒比表面積の増大による性能向上

前節に,合金化などで比活性 (j_s) の高い触媒の設計指針を示した.さらに重量活性 (j_w) を増すためには,この触媒を高分散担持することが不可欠である.また,その触媒を触媒層中で有効利用する触媒層設計が重要である.

A. 高分散触媒の比活性

Pt ナノ粒子を CB 担体上に高分散,安定化担持する方法は,Allen らによって初めて開発された.今では粒径 (d) < 2nm,比表面積 (S) > 140 m²/g,分散度 (表面露出原子数/全原子数) $D > 0.5$ でさえ,比較的簡単に達成できる.しかし,Bregoli[14], Ross ら[15] は,190 ℃,リン酸中での O_2 還元では,このような高分散触媒は,$d > 5$nm の比較的低分散の触媒やバルキーな Pt 触媒より低い比活性 (j_s) しか得られず,したがって重量活性 (j_w) も低下すると報告している.そしてこれを "粒子サイズ効果" と呼んだ.高須らは,室温,硫酸中での O_2 還元や有機小分子酸化について調べたところ,その原因は微粒子化により電子構造が変化し吸着が強くなりすぎたためと説明している[16].Mukerjee は in-situ XAS 測定により同様な考察を行っている[17].Durand らは高分散担持触媒の O_2 還元を室温,硫

酸中で調べた[18]．これらは何れも，いわゆる"粒子サイズ効果"を肯定している．Kinoshita は，担持触媒に図 7.4 に示した結晶形を想定して，面，エッジ，コーナーなどの配位数の異なる原子の比率と粒子径との関係を計算した[19]．その (100) 面に対する結果と既報論文の実測データの傾向と対応することから，"結晶面説"を提案した．また前述の Ross，Durand らは Kinoshita の活性 (100) 結晶面説に立って粒子サイズ効果を説明している．近年，Markovic と Ross は，粒子サイズ効果は，実は (111) 面が主となるナノ粒子の"アニオン被毒効果"ではないかと推定している[2]．

他方，渡辺らは，高分散化により触媒粒子の粒子間距離が近くなった結果，微量しか溶けていない O_2 ガスの取り合いが起きて活性が低下するのではないかと考える，全く別の"縄張り説"を提案した[20]．これが事実とすれば，高比表面積 CB に触媒担持するか，比較的高比表面積 CB に少量 Pt 担持することで，この縄張り問題の解決が図れると考え，表面積の大きく異なる担体 CB($64 \sim 1300 m^2/g$)，異なる Pt 担持率 ($3 \sim 40wt \%$) の担持触媒のリン酸形燃料電池における酸素還元特性を測定した[20]．図 **7.13** 中の破線は，触媒粒径が 4nm

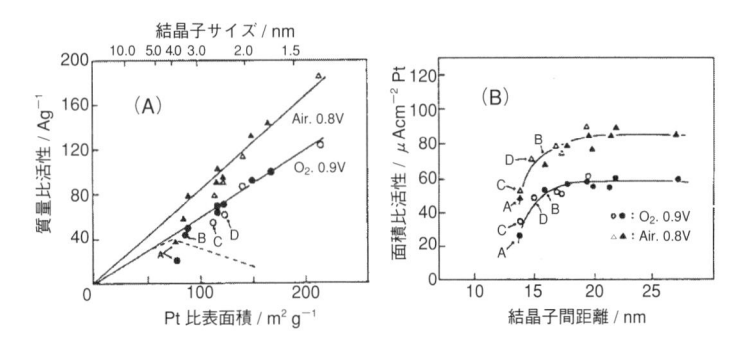

図 **7.13** 重量活性，面積比活性の Pt 比表面積 (A)，Pt 粒子間距離 (B) への依存性

以下となると，いわゆる粒子サイズ効果により j_S が低下し，その結果 j_w がかえって低下するとする Ross らの結果を示したものである．しかし，従来の報告と異なり，図 13 (A) に見られるように，粒子サイズの低下に関係なく重量活性 (j_w) は $d<2\mathrm{nm}$ の微粒子まで，白金比表面積 (S_{Pt}) の増加に比例して増加することを見いだした．この比例関係から低活性側にずれたデータが幾つか見られる．これらは，低比表面積担体上の触媒，または高担持率触媒である．平均触媒粒子間距離と j_S の関係を見ると，図 13 (B) のように，用いた CB の比表面 (S_{CB})，あるいは担持率には無関係に，粒子間距離で一元的に整理され，j_S は $d_{\mathrm{Pt-Pt}}<20\mathrm{nm}$ となると低下することがわかった．すなわち，"粒子サイズ効果" は，実は "粒子間距離効果" であることが示された．

固体高分子形燃料電池の条件下でも，十分大きなカーボンブラックの比表面積 (S_{CB}) を有する ($\sim 900\mathrm{m}^2$) 担持触媒を用いると，これを支持する結果が得られる[21]．固体高分子形燃料電池の特質の一つは，コンパクトで高出力が得られることである．それを実現させるには，図 7.1 のガス拡散電極の触媒層の厚さを薄く（数 $\mu\mathrm{m}\sim 20\mu\mathrm{m}$）して，反応ガスの拡散パスをできうる限り短縮することが重要である．そのため，触媒担持率をなるべく高く ($>50\mathrm{wt}\%$) することが求められる．担持率を高く，かつ白金の比表面積 (S_{Pt}) を大きく保って重量活性を高くするためには，高比表面積の CB を用いることが必須であることを指摘しておきたい．

B. 触媒利用率の向上

高分散触媒を作っても，図 7.1 のガス拡散電極中に使ったとき，触媒粒子が電解質ネットワークと接していない場合はプロトンが関与できず，また，ガスネットワークと接していなければ反応ガスが供

給できず,触媒は有効利用されない.現在,ナフィオンなどのフッ素系イオノマー溶液と触媒担持 CB を混練,ペーストにして,あるいは前者を後者にコロイド沈着させた後,塗布またはスクリーンプリントするなどの方法で触媒層を形成させる.これらの方法では,触媒クラスターの利用率がせいぜい 20〜30 % というのが一般的である.触媒層を形成する CB は,図 7.2 に模式的に示すように触媒層内で一次孔,二次孔を形成する.前者は CB 集合体内の粒子間に形成され,後者は CB 集合体間に形成される.その細孔容積,細孔表面積の分布は,水銀ポアサイザで実測できる(図 **7.14** 参照).これによると,一次孔体積は二次孔体積に比べて少ないが,細孔表面積(= CB 表面積)は前者が 85〜90 % を占めることが同じ測定結果から算出される.図 7.3 の透過型電子顕微鏡からも明らかなように,触媒は CB 表面に均一に担持されているので,これと同じ割合で触媒は一次孔内に存在することになる.したがって,触媒利用率の向上は,いかにしてイオノマーをガスネットワーク機能を損ねることなく,一次孔内に充填するかにかかっていると言えよう.細孔分布

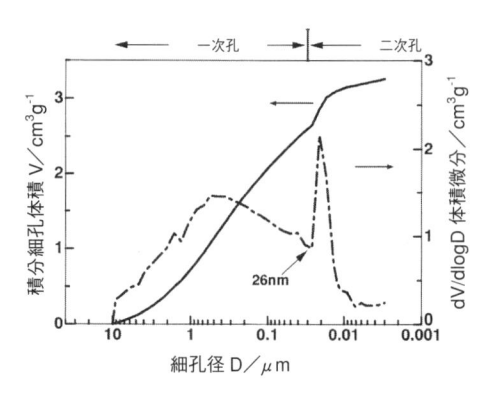

図 **7.14** 水銀ポアサイザで評価したカーボンブラック触媒層の細孔分布

測定手段を駆使してリン酸形燃料電池におけるガス拡散電極の触媒利用率改善と性能向上を検討した研究[22]，あるいはPEFCのそれに関する内田ら[23]の研究は，PEFC用高性能膜電極接合体(MEA)設計に有用な情報を与えるであろう．

C. 腐食による粒径成長機構と触媒活性低下

粒径が小さくなるほど粒子は不安定となり，高分散した触媒が粗大化したり，合金の場合は脱合金化することが知られている．同じCB担持したPt–Ni–Co合金を基に，アニール，クエンチ技術をうまく使い，粒子径を変えることなく原子配列が規則配列したものと不規則配列したものを作り，その耐食性，活性への影響が詳細に検討された[24]．その結果，それまでの情報と異なり，不規則配列合金が規則配列のそれより著しく耐食性が高く，経時特性低下を抑さえられることが明らかにされた．また，合金の粒径成長は，微粒子表面から成分元素が同時に溶解し，隣接のより大きな粒子表面にPtのみが再析出し，Pt被膜層を形成することが明らかとなった．前述のように，Pt被膜の厚さが2nmを越えるとその電子構造はバルクPtのそれに戻ってしまう．したがって，残存する粗大化触媒の表面は，合金表面に比べ比活性j_sが低下する．合金触媒の腐食による活性低下は，この不活性粗大粒子の増加と，比表面積sが大きく比活性j_sも高い微粒子合金の消失の二つの効果が重なって起こる．そのため，耐食性の高い不規則原子配列の担持触媒（固溶合金相）を用いることは，実用上きわめて重要である．

参考文献

1) (a) 古屋長一：『エレクトロキャタリシスの展望と応用』，喜多英明編著，第2章，アイシーピー，p.47 (1990)．(b) 古屋長一，渡辺政廣：電気化学，**60**, 180, (1992).

2) N. M. Markovic, et al.: *Catalysis and Electrocatalysis at Nanoparticle Surfaces*, A. Wiekowski, et al. eds., Chap. 9, p. 323, Marcel Dekker, (2003).
3) 渡辺, 他:電気化学, **38**, 927, (1970). その他, 同誌に掲載の6編の論文.
4) M. Watanabe, S. Motoo: *J. Electroanal. Chem.*, **60**, 267-273, (1975); **60**, 275, (1975). その他, 同誌に掲載の10数編の論文.
5) M. Watanabe, M. Uchida, S. Motoo: *J. Electroanal. Chem.*, **229**, 395, (1987).
6) S. Motoo, M. Watanabe: *J. Electroanal. Chem.*, **98**, 203, (1979). その他, 同誌に掲載の4編の論文.
7) M. Watanabe, S. Motoo: *J. Electroanal. Chem.*, **194**, 275, (1985).
8) K.L. Ley, R. Liu, C.Pu, Q. Fan, L. Leyarovska, C. Segre, E.S. Smotkin: *J. Electrochem. Soc.*, **144**, 1543 (1997); B. Gurau, et.al.: *J. Phys. Chem.*; B, **102**, 9997, (1998).
9) S.H. Joo, et.at.: *Nature*, **412**, 169, (2001).
10) 渡辺, 本尾:電気化学, **44**, 602, (1976).
11) M. Watanabe, et.al.: *Electrochemistry*, **67**, 1194, (1999). *J. Phys. Chem.*, B, **104**, 1762, (2000). *Electrochemistry*, **68**, 244 (2000). *Phys. Chem. & Chem. Phys.*, **3**, 306, (2001).
12) L. J. Wan, T. Moriyama, M. Ito, H. Uchida, M. Watanabe: *Chem. Comm.*, 58, (2002).
13) T. Toda, H. Igarashi, H. Uchida, M. Watanabe: *J. Electrochem. Soc.*, **146**, 3750, (1999).
14) L.J. Bregoli: *Electrochim, Acta*, **23**, 489, (1978).
15) M.L. Sattler, P.N. Ross: *Ultramicroscopy*, **20**, 21, (1986).
16) Y. Takasu, et.al.: *Electrochim, Acta*, **41**, 2595, (1996).
17) S. Mukerjee, J. McBreen: *J. Electroanal. Chem.*, **163**, (1998).
18) A. Kabbabi, et.al.: *J. Electroanal. Chem.*, **373**, 251, (1994).
19) K. Kinoshita: *J. Electrochem. Soc.*, **137**, 845, (1990).
20) M. Watanabe, H. Sei, P. Stonehart: *J. Electroanal. Chem.*, **261**, 375, (1989).
21) 鶴見和則:『高分子形燃料電池の全て』, 内田裕之他編著, pp.102, エヌ・ティー・エス, (2003).
22) M. Watanabe, M. Tomikawa, S. Motoo: *J. Electroanal. Chem.*, **195**, 81, (1985). M. Watanabe, et al.: *ibid.*, **197**, 195, (1986).
23) 内田 誠:『高分子形燃料電池の全て』, 内田裕之他編著, pp.115, エヌ・ティー・エス, (2003).
24) M. Watanabe, et al.: *J. Electrochem. Soc.*, **141**, 2659, (1994).

第8章

錯体系電極触媒

8.1 研究の背景

　金属錯体を電極触媒に用いた酸素還元系は，燃料電池カソードの白金系触媒の代替として期待されている．なかでもポルフィリンやフタロシアニンなどの大環状配位子を有する金属錯体は，CollmanとAnsonが合成した対面型コバルトポルフィリン二量体(1)における，効率の高い酸素4電子還元の観測が契機となって注目されて以来，酸素還元の反応機構や中間体の構造など基礎的な解析を含め，幅広く研究されている[1,2]．実用化の観点からは，炭素粒子へ分散担持する量や方法，耐久性など課題も少なくないが，白金触媒よりも分子設計の自由度が高いため，資源の限られた白金に替る新しいカソード触媒としての可能性を秘めている．

(1)

ここでは，固体高分子形燃料電池 (PEFC) への応用を念頭において，酸性下での酸素還元に焦点を絞り，錯体系触媒の考え方とそれらの性能比較について，最近の研究動向も含め簡潔に説明する．

8.2 錯体系触媒の分子設計

燃料電池の理論起電力 1.23V は，酸素が1段階4電子反応により還元される電位 ($O_2 + 4e^- + 4H^+ \to 2H_2O$：標準電極電位 $E° = 1.23V$) に相当する．出力中のセル電圧が0.7～1.0Vまで低下するのは，活性化分極（電荷移動律速である電極反応の活性化に伴う電圧降下）や濃度分極（酸素の拡散が遅いことによる電圧損失）に加え，反応機構が変化するためと考えられる．酸素の還元が過酸化水素を生成し ($O_2 + 2e^- + 2H^+ \to H_2O_2 : E° = 0.70\,V$)，続いて過酸化水素が水に還元 ($H_2O_2 + 2e^- + 2H^+ \to 2H_2O : E° = 1.76\,V$) される2段階機構の場合，全反応は1段階機構と同一であるが，理論起電力は最初の2電子還元の電位 (0.70 V) まで低下する．このような2段階機構をなるべく抑止するために，1段階4電子反応の過電圧を低下させることがカソード触媒の役割である．燃料電池に関する多くの解説では，酸素の1段階4電子還元がカソード側の反応として当たり前のように記述されているが，実はそれほど単純な反応ではないことがわかってきている．1段階機構を実現するには，酸素に4電子と4プロトンを効率よく供給するための仕組みが必要であり，以下のような酸素架橋配位系や4電子供給母体を用いた活性サイトの設計指針が提案されている．いずれも複核または多核構造を必要とするものであり，やがて高分子金属錯体に対象が拡がるであろう．

A. 酸素架橋配位系

コバルトポルフィリン (CoP) の単核錯体が, 一般に 2 電子還元触媒として働くのに対し, 2 個のコバルト原子が酸素分子を挟んで μ-パーオキソ錯体 (図 8.1) を形成しやすい特徴のある(1)では, 架橋配位に伴い O=O 結合次数が低下するため, 4 電子還元の選択度が高くなる.

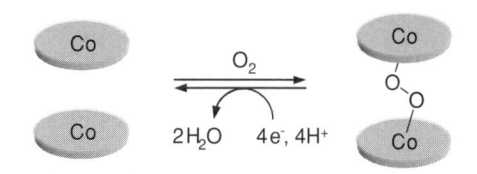

図 8.1 μ-パーオキソ錯体を経由する酸素の 4 電子還元

ポルフィリン環を片側だけ結合した錯体(2〜4)や, 結合部が蝶番のように働いて二つのポルフィリン環が開閉する(5) および (6) では, 酸素配位の際の立体障害が緩和されて反応律速電流が大きくなる. シトクロム c 酸化酵素の活性中心の構造にヒントを得た(7)は, 生理条件に近い雰囲気で酸素の 4 電子還元触媒として働く.

イオン対(8) および (9) や, イリジウムポルフィリン二量体(10) は, 簡単に得られる対面型二量体として知られている. ポルフィリン錯体が酸素架橋配位に適した距離を保って並んだ構造は, エッジ面グラファイト電極に吸着した CoP 単核錯体(11〜13) や, 長鎖アルキル基を有する(14) がアルコール中で形成する棒状ミセルでも見いだされている. また, グラッシーカーボン電極に吸着した鉄 ([(oep)FeOFe(oep)] (15) および [(pc)FeOOFe(pc)] (16)) やバナジウム ([$(O=V)_{10}(\mu_2-O)_9(\mu_3-O)_3(acac)_6$] (17)) などの μ-(ジ)オキソ錯体も研究されている (oep：オクタエチルポルフィリン, pc：フタロシアニン, acac：アセチルアセトン). 酸性下での電解還元

106 第8章 錯体系電極触媒

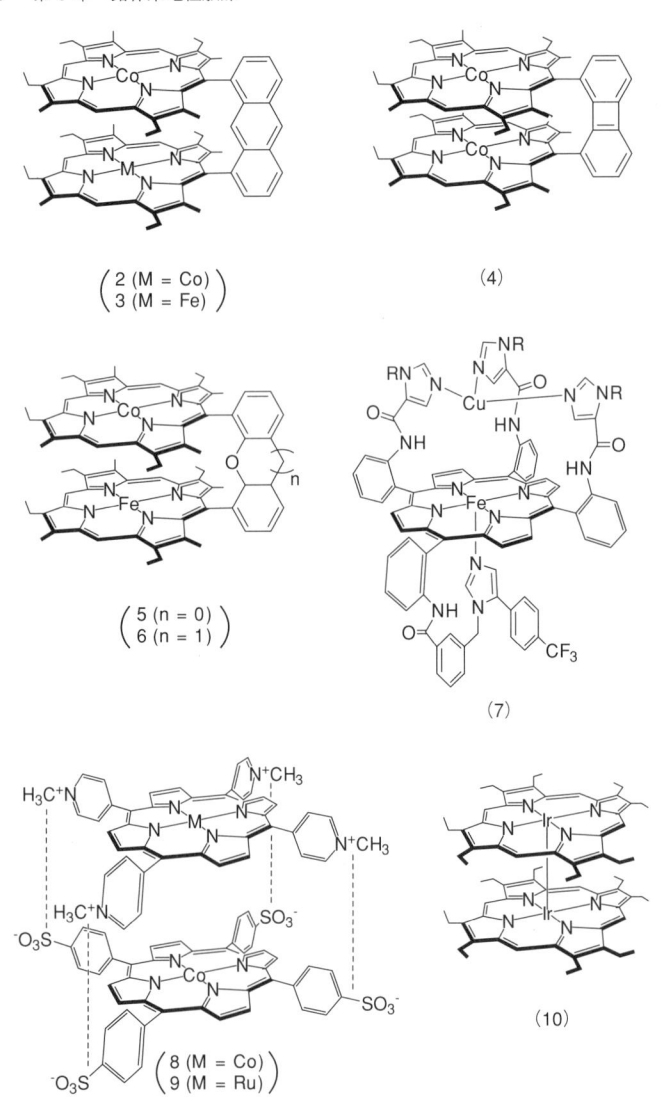

$\begin{pmatrix} 2\ (M = Co) \\ 3\ (M = Fe) \end{pmatrix}$

(4)

$\begin{pmatrix} 5\ (n = 0) \\ 6\ (n = 1) \end{pmatrix}$

(7)

$\begin{pmatrix} 8\ (M = Co) \\ 9\ (M = Ru) \end{pmatrix}$

(10)

8.2 錯体系触媒の分子設計　107

$$\begin{pmatrix} 11\,(\text{R}=\text{H}) \\ 12\,(\text{R}=\text{CH}_3) \\ 13\,(\text{R}=\text{C}_2\text{H}_5) \end{pmatrix}$$

(14 (R = $C_{16}H_{33}$CONH-))

(15)

(16)

(17)

$([\text{M}^{m+}(\text{O})_n\text{M}^{m+}]_{\text{ad}} + 2n\text{e}^- + 2n\text{H}^+ \rightarrow [\text{M}^{(m-1)+}\cdots\text{M}^{(m-1)+}]_{\text{ad}} + n\text{H}_2\text{O}: n = 1, 2)$ により生成する錯体 $([\text{M}^{(m-1)+}\cdots\text{M}^{(m-1)+}]_{\text{ad}})$ に，酸素が架橋して配位することが明らかにされている．

B. 多電子移動系

コバルトポルフィリンのメソ位に，ルテニウム (**18～20**) やオスミウムのアンミン錯体 (**21**) が結合すると，これらが電子供給母体となって中心部に電子を押し込むため，酸素4電子還元の選択度が増加する．このような電子供給効果は，ルテニウムやオスミウムからポルフィリン環のメソ位配位子への逆供与に基づくことが明らかにされている．中心のコバルト当り2個以下のアンミン錯体では効果が不十分で，3個以上で初めて4電子還元触媒となることから，酸素分子が配位している短時間内で多電子が供与されていると説明できる[3]．

$$
\begin{aligned}
&18 \ (R_{1\text{-}4} = -\!\!\!\!\bigcirc\!\!\!\!-NRu(NH_3)_5{}^{2+}) \\
&19 \ (R_{1\text{-}4} = -\!\!\!\!\bigcirc\!\!\!\!-CNRu(NH_3)_5{}^{2+}) \\
&20 \ (R_{1\text{-}3} = -\!\!\!\!\bigcirc\!\!\!\!-CNRu(NH_3)_5{}^{2+},\ R_4 = -\!\!\!\!\bigcirc\!\!\!\!-N^+\text{-}CH_3) \\
&21 \ (R_{1\text{-}4} = -\!\!\!\!\bigcirc\!\!\!\!-N^+\text{-}CH_3(Os(NH_3)_5)_{\sim 0.5})
\end{aligned}
$$

C. その他

上記の錯体触媒は，電極上に分散担持する必要があるのに対し，担体（炭素）表面に活性点を直接構築する方法もある．例えば，グラファイト表面に吸着している 2,9–ジメチルフェナントロリンは，銅イオンと1：1の錯体 (**22**) を形成して酸素還元触媒になる．これは，溶液中で得られる不活性な2：1錯体を担持した場合と対照的である．また，酢酸鉄を吸着させた炭素粒子をアンモニア雰囲気で熱

処理すると，表面の炭素原子を一部置換した窒素原子が供与体原子となった鉄錯体 **(23)** が形成され，活性点が担体と一体化した触媒が得られる（図 **8.2**）．

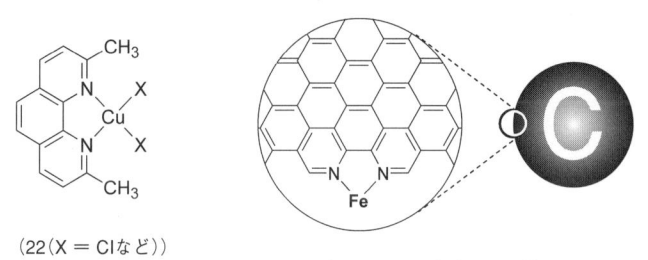

(22(X = Clなど))

図 **8.2** 鉄錯体 (23) の推定構造

8.3 錯体系電極触媒の性能比較

錯体系触媒 **(1～23)** の実力は，実際に膜電極接合体 (MEA) を作製して電流–電圧特性 (I–V 曲線) を測定することにより評価するべきであるが，回転ディスク電極における酸素還元の半波電位 ($E_{1/2}(O_2)$) の文献値を比較するのも手っ取り早い．実際のところ，MEA の作製には多量の触媒が必要であるため，使えそうな錯体だけを簡単な方法で篩い分ける必要がある．低回転数（微小電流）域での限界電流の半分の電流値における電位（半波電位）$E_{1/2}$ (O_2) を，電解液の pH に対してプロットすることにより（図 **8.3**），抵抗分極の小さい条件下で，錯体系触媒の作動電位を系統的に比較することができる．このプロットが酸素 4 電子還元の標準電位（図 8.3 の実線）に近いほど，触媒としての潜在能力が高いことになる．ほとんどの錯体は，高々 2 電子還元電位（図 8.3 の破線）以下で働くにすぎないが，4 電子還元のみが起こりうる電位領域（図 8.3 の灰色部分）で作

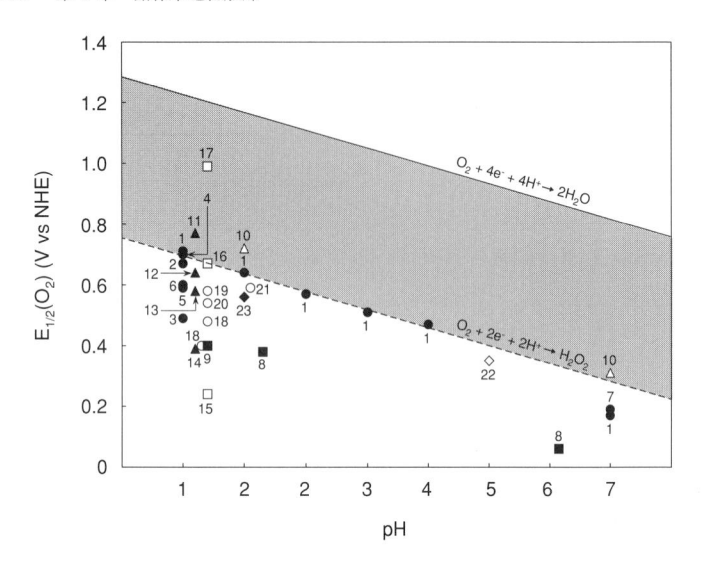

図 8.3 錯体系触媒で修飾された回転ディスク電極における酸素還元波の半波電位 ($E_{1/2}$(O$_2$)). 触媒 = 対面型 CoP 二量体**1～7**（●），イオン対型 CoP 二量体**8**および**9**（■），IrP 二量体**10**（△），単核 CoP 錯体**11～14**（▲），μ–（ジ）オキソ錯体**15～17**（□），Ru または Os アンミン錯体が結合した CoP 錯体**18～21**（○），Cu（2,9-ジメチルフェナントロリン）錯体**22**（◇），熱処理（H$_2$/NH$_3$/Ar 下）後の酢酸鉄担持炭素粒子**23**（◆）. 電極回転速度 = 100 rpm. 実線および点線：水中における酸素の標準還元電位

動するもの（**10**，**11** および**17**）もあり，今後 MEA を用いた分極特性全体の評価や，白金系触媒との性能比較が待たれる．

8.4 酸素濃縮錯体

酸素分圧に応じて可逆的かつ速やかに酸素を結合する錯体（酸素キャリヤー）が，カソードの活性点近傍に存在すると，酸素がキャリヤー間をホッピングするので，酸素の流束が物理的な拡散量に加算され（促進輸送効果），結果として酸素還元電流が増加する．このよ

うな濃度分極を小さくするという意味での錯体「触媒」には，コバルトテトラフェニルポルフィリンのベンジルイミダゾール錯体やポリ(3,4-アゾピリジレン)錯体などがあり，白金系触媒と組み合わせることで効果が認められている．また，酸素結合定数の大きいコバルトポリ(エチレンイミン)やコバルトピケットフェンスポルフィリン (**24**)-ポリ(ビニルイミダゾール-コ-オクチルメタクリレート)錯体などが形成する酸素濃縮膜は，ガス拡散電極を構成する新しい材料として期待される．

(24)

参考文献

1) K. Kinoshita: *Electrochemical Oxygen Technology*, John Wiley & Sons, New York, (1992).
2) J. P. Collman, R. Boulatov, C. J. Sunderland, L. Fu: *Chem. Rev.*, **104**, 561, (2004).
3) F. C. Anson, C. Shi, B. Steiger: *Acc. Chem. Res.*, **30**, 437, (1997).

第9章

周辺材料とシステム技術

9.1 燃料電池自動車を実現するためには

　エネルギー効率が高く省エネルギーと地球温暖化防止のために効果的であること，有害な排出ガスがきわめて少ないこと，さらには，クリーンなエネルギーの利用促進が可能であることから燃料電池自動車の研究開発が世界的規模で積極的に進められてきている．本書の結びにあたって本章では，その心臓部である燃料電池スタックに関し，これを構成する膜電極接合体 (MEA) および周辺部材および燃料電池の性能の維持に影響を与えるシステム技術との関係について紹介する．さらに，実用化に向けての課題と研究開発動向を，自動車用途の視点から言及する．

　現在，燃料電池自動車は北米，欧州，日本を中心に，実用化に向けた実証試験が進められており[1-4]，2004年現在までに，トヨタ，本田および日産が，リースによる燃料電池自動車の少量市場投入を行うなど着実に技術の向上が進められてきている（図 9-1）．しかし，燃料電池自動車の大量普及に向けては，水素供給ステーションの整備といったインフラ面での課題だけでなく，燃料電池スタックおよびその周辺機器においても実用上の困難な課題が山積している．燃料電池を自動車に適用していくためには，大出力かつ長期間の実用性と耐久性の確保，さらにはコスト面で市場に受け入れられる要件

日産 X-TRAIL FCV	トヨタFCHV	HONDA FCX
	http://www.toyota.co.jp/jp/kids/eco/fchv.html	http://www.honda.co.jp/factbook/auto/fcx/200212/07.html

図 9.1 燃料電池車の一例

を満たしていくことが要求されている．

9.2 システム構成

燃料電池を一つの発電機として利用するためには，燃料の供給や，用途に応じた電流と電圧を出力する必要がある．そのため，設置空間，使用環境，使用頻度の高い運転領域，最高出力，耐久性およびコストといった実用面の用件について考慮しなければならず，現在の燃料電池システムでは，燃料電池が必要とする機能を満足するように細心の注意を払って周辺機器が構成されている．

純水素と空気をそれぞれ燃料および酸化剤として使用する自動車用の燃料電池システムの概略を図 9.2 と図 9.3 に示す．圧縮機によりスタックに供給された空気は，燃料電池スタック内で消費された後，含有する高濃度の水分が凝縮器により分離された後に，大気に排出される．ここで回収された水は加湿器に供給され，再度ガスの加湿に利用される．水素は高圧タンクから，エゼクタなどをもちいた

9.2 システム構成　115

図 **9.2**　FCV システムコンポーネントのレイアウト例

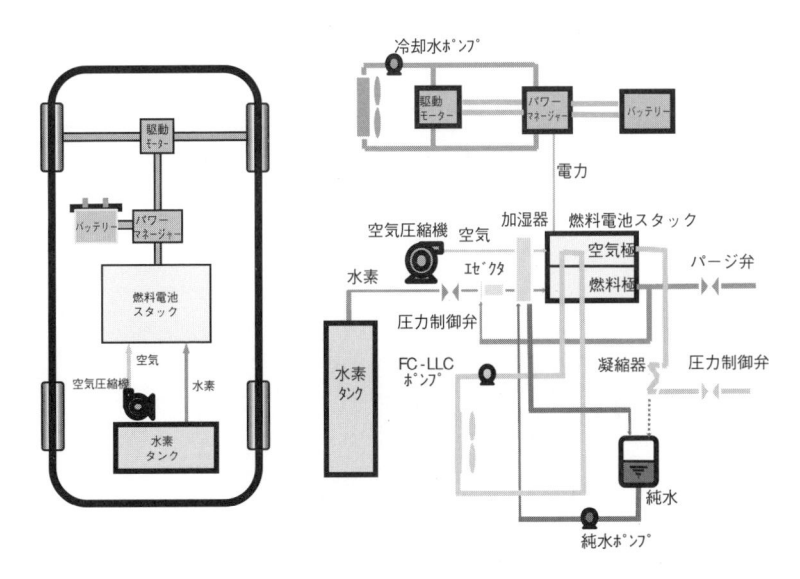

図 **9.3**　水素式燃料電池自動車システム概要

アノードガスの循環系へ供給される．このような閉鎖された循環系を持つ構成の場合，アノードは水分やカソードから移動してくる窒素の濃度が高くなる．結果として水素濃度の低下や水素欠乏といった性能の低下，耐久性の低下に結びつく状態に陥ることを避けるため，これらをパージ弁を通じて排出する．

また，水素，空気ともスタックへのガス導入前に加湿器により必要な加湿状態に制御される．

9.3 燃料電池スタックの周辺機器との関係

A. 酸化剤供給系へのインパクト

図 **9.4** に燃料電池スタック構成の概略を示す．車両の動力性能や運転性を損なうことなく使用するためには，最大出力が 90kW を超えるような燃料電池システムが必要となる．この規模の電力を得るには，約 500 組程度の単セルを直列に積層して，燃料電池スタック

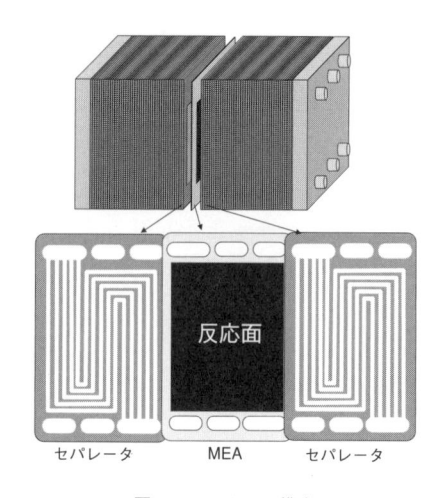

図 **9.4** スタック構成

を構成することになる．そこで重要となるのが，積層された多数のセルを均一に発電させるということである．つまりスタック中央部のセルと最も外側にあるセルだけでなく，各セルの面内にいたるまで極力同等の反応分布で運転する必要がある．燃料電池スタックでは，各セルを電気的には直列，燃料ガスや空気，冷却水については各セルに均等に並列に流す．ここで使用される空気，水素の量は，通常燃料電池セル内部で発電に供される必要量よりも多く，各セルに通常発電に必要なガス量の1.5倍から2倍程度導入する必要がある．これらをガスの利用率で表記すると，おおよそ67％と50％という値になる．その目的は，各セルの内部にたまる水の排除と，反応分布の均一化のためである．

さらに，近年は燃料電池の小型化が進み，セパレータ材料を薄くする検討が進められており，各セルに設けられたガス流路の深さが浅くなる傾向となっている．そのため，セパレータ材料の厚さ精度ばらつきや，ガス拡散層 (GDL) のガス流路への侵入などの要因により，ガス供給量のセル間バラツキが生じやすくなってきている．各セルに対し燃料ガスの供給が不均一な場合や，発電負荷の変動に対しガス供給応答に遅れが出るような場合には，燃料電池の電極の劣化を主とする発電性能の低下が進む．燃料電池スタックにおいて，発電中に一部のセルで燃料不足が発生すると，アノードで水素が供給できなくなるためカソードでプロトンが不足する．これに伴いアノードの電位が水素電位から上昇し，この水素欠乏が起こったセルは転極状態に陥り，結果としてアノード電極カーボンの酸化反応が進み電極劣化が発生する（図 **9.5**）．つまり，この転極したセルは他の正常に発電しているセルに対し，負荷（抵抗体）の状態になってしまう．また，個々の隣り合うセル間で発生する反応ばらつきも互いのセルに局所的な水素欠乏などを起こす要因となるため，このよ

(a) 正常時

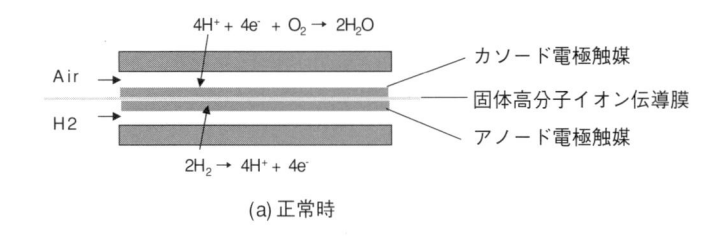

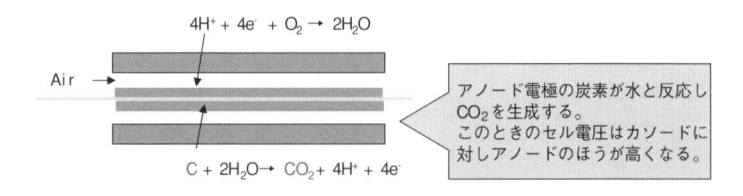

図中: $4H^+ + 4e^- + O_2 \to 2H_2O$ — カソード電極触媒
— 固体高分子イオン伝導膜
— アノード電極触媒
$2H_2 \to 4H^+ + 4e^-$

(b) アノード閉塞などによる水素欠乏時

$4H^+ + 4e^- + O_2 \to 2H_2O$

$C + 2H_2O \to CO_2 + 4H^+ + 4e^-$

> アノード電極の炭素が水と反応しCO_2を生成する。このときのセル電圧はカソードに対しアノードのほうが高くなる。

図 9.5 アノード水素欠乏による転極

うな状態を排除することが必要となる．

　高い信頼性を確保しつつ，ガスの利用率を向上することを目的とし，スタック内ガスマニフォールドおよびセル内ガス流路の改良や，GDL の排水性能制御などの対策を施し，各セル間のガス配流にばらつきが起こりにくく，セル内に水が詰まることがない構造や材料が検討されている．

　加えて，スタックの小型化を狙い，ガス流路深さを確保しつつセパレータの厚さを薄くすることが可能な金属材料をセパレータに用いることも検討されている．カーボンをセパレータとして用いた場合と異なり，金属材料においては，構成材料からの金属イオンの溶出，およびこれによる固体高分子イオン伝導材料の劣化加速や，分解した固体高分子材料による金属材料の腐食加速などの技術課題があり，その解決に向けた研究開発が現在精力的に進められている．

B. 放熱器へのインパクト

燃料電池からの排熱は内燃機関の排熱量に比較し小さいものである．例えば，90kW出力の内燃機関の場合それと同等の熱量がそれぞれ排気ガスおよび冷却水からの排熱となって大気に放出される．したがって投入したエネルギー量の約2/3以上は捨てられている．一方，燃料電池では，供給されたエネルギー量の約1/2が排熱となるため高効率ではある．しかし，内燃機関の場合と比較し燃料電池からの排熱の温度は，その動作温度が高々80℃程度であるため，外気との温度差が小さい．そのために，放熱器として従来の3倍以上の放熱性能を持ったものを使うことにより対応している．

現在，燃料電池の動作温度向上により，放熱器を小型化することを狙い，固体高分子イオン伝導材料の耐熱性の向上や，新規の材料に関する研究が盛んに進められている．一方，この高温化により固体高分子材料のみならず，種々の劣化が加速することが推定される．例えば，自動車用で特有な，起動・停止動作，さらには，頻繁な負荷の変動に起因する電極カーボンの腐食やPtの溶解なども温度に対する感度が高いことが明らかとなっている[8]．

この対策として，イオン伝導体膜や電極構成材料の耐久性の向上はもちろんのこと，運転動作面でハイブリッドシステムを利用することにより負荷変動を抑制するなどの方策が検討されているが，現在の80℃程度の運転温度においても，十分な耐久寿命を確保できるレベルには達していない．

C. 加湿器へのインパクト

これまでにも述べられているとおり，現在実用に近いと考えられている燃料電池に用いられている固体高分子イオン伝導体は，それ自身が含水状態にあることによりプロトンの伝導が起こる材料で

ある.そのため,適度な湿潤状態を維持するため,燃料電池への供給ガスを十分加湿しておく必要がある.もしこの加湿が適正に行われない場合には,燃料電池の性能および耐久性の低下に結びつくため[5]細心の注意が必要となる.図9.3に示したシステムではカソード排気ガスに含まれる水分を回収し,カソードへの供給ガスを加湿する構成となっている.本来燃料電池の反応成生物は水であり,その水のみで固体高分子イオン伝導体を加湿し,発電を維持できることが理想である.このような自己加湿を狙って,GDLの特性を制御する研究も精力的に進められている.

燃料電池の加湿要求は,上記の高温化とも関係している.従来の固体高分子イオン伝導材料を用いて水の沸点を超える100℃以上の運転温度を実現するためには,必然的に加圧運転が要求される.さらに,温度の上昇により,必要となるガスの相対湿度を確保するために必要な水の量も増加する.つまり補器の小型化を狙い,放熱器容積の低減をすすめるには,燃料電池の運転温度の高温化が必要である.その結果としてコンプレッサー負荷の増加と加湿器の大容量化が必要となってくる.

このような悪循環を断つため,高温耐性が高く,加湿を必要としないイオン伝導材料の実現が待たれる.

9.4 技術課題

燃料電池を自動車に適用していくには,これまでの定置用燃料電池開発において重要な課題である連続運転モードでの劣化とは異なり,特徴となる課題として頻繁な負荷変動,頻繁な起動・停止,氷点下放置および氷点下からの起動が挙げられる.このような特徴的な運転条件による燃料電池の性能低下はみな燃料電池スタックを動

作させる周辺機器の動作条件と密接に関連している．

前述のとおり，負荷の変動は電極触媒のPtの溶解を加速させ，燃料電池性能の低下を招く要因となっている[6]．また，白金を担持するカーボン材料も，起動停止動作時に発生する高電位や起動停止動作などによる酸化に対する耐性が高い材料が必要である．さらに電極の状態は高分子イオン伝導材料の耐久性にも影響を与えることが報告されており[7]，そのミクロな構造を適正に保つことも要求される．

さらに，システムコストを市場に受け入れられるレベルに低減していかなくてはならないことは周知のとおりである．コスト低減に向け，スタック本体のコスト低減のみならず，周辺機器の低コスト化も大きな課題となっている．二次電池，パワーマネージャー，といった電気的部品だけでなく水素タンク，加湿器，コンプレッサーをはじめとするこれまでの内燃機関の車両には搭載されたことがない新たな部品が必要である．今後各種実証試験などを通じ低コスト化に向けた技術検討が進められていくであろう．一方，スタック本体に目を向けると，固体高分子イオン伝導体膜，白金など，燃料電池の本質的機能をつかさどる材料での低コスト化が課題となっている．また，これらの材料は燃料電池の性能や耐久性にも直接影響するものである．これら材料の耐熱性向上や低加湿化を実現できれば，簡素なシステムなどを実現できるなど，周辺部品の削減が可能となり大きくコスト削減に寄与できる．

これら技術課題に加え，燃料電池そのものの開発をサポートする評価・解析技術が必要である．先に示したような性能や耐久性にかかわる現象をより深く理解し，適切な対策に結びつけていくために，燃料電池内部で，動的に起こる現象を正確に評価・解析する必要がある．したがって，発電中のセル内の反応・水・熱分布およびその変化などの動的なその場観察や，よりミクロに触媒表面での酸素還

元反応や反応中の高分子イオン伝導体の状態解析など，評価解析技術にも多くの課題が残されており，その研究開発の必要性が高まってきている．

9.5 おわりに

高いポテンシャルを持つ燃料電池をより現実的な技術にしていくためには，燃料電池を構成する個々の素材のみで見るのではなく，周辺システムを含め，容積，効率，耐久性，コストの視点で開発を進める必要がある．さらにその開発をサポートするため，燃料電池内部で起こる現象を的確に解釈するためのツールもきわめて重要な要素となってきており，今後さらなる研究の加速が望まれる．

参考文献

1) 増永邦彦：燃料電池自動車の実用化に向けて，「自動車研究」JARI Research Jounal 2004 年 6 月号．
2) CaFCP 1999-2003 Progress report.
   http://www.cafcp.org/media/news_media/CaFCP_Annual03.pdf
3) 石原隆宏：JHFC プロジェクトへの取り組み，「自動車研究」JARI Research Jounal 2004 年 6 月号．
4) 神本武征：「平成 15 年度 JHFC 活動総括」，Japan Hydrogen & Fuel Cell Demonstration Project.
5) 「固体高分子形燃料電池の劣化要因に関する研究」，新エネルギー産業技術総合開発機構　平成 13 年度成果報告書．
6) （独）産業技術総合研究所「固体高分子形燃料電池の劣化要因に関する研究 劣化要因の基礎的研究 (2) 動作条件による劣化要因」新エネルギー産業技術総合開発機構　燃料電池・水素技術開発成果報告会ポスター，(2004 年 7 月)．
7) 京都大学「固体高分子形燃料電池の劣化要因に関する研究 劣化要因の基礎的研究 (1) 電極触媒/電極界面の劣化要因」新エネルギー産業技術総合開発機構　燃料電池・水素技術開発成果報告会講演資料，(2004 年 7 月)．
8) Hubert Gasteiger, Rohit Makharia, Mark Mathias: "*Materials Research Needed to Enable Automotive Fuel Cells*", Proceeding of 206th ECS meeting in Hawaii, (2004).

索　引

英　字

DMFC, 10

EW, 41

Fuel Cell, 1

Grotthuss メカニズム, 67
Grotthuss モデル, 42
GTL, 34

IEC, 40

MEA, 19, 31, 44, 113

PEFC, 5, 37
PEMFC, 5

SANS, 40
SAXS, 39

Vehicle メカニズム, 68

μ-パーオキソ錯体, 105

ア　行

アドアトム修飾, 84
アドアトム電極, 88
アニオン被毒効果, 98
アノード, 116
アルカリ形燃料電池, 13
アンダーポテンシャルデポジション, 89

イオン交換樹脂, 37
イオン交換容量, 40
イミダゾール, 69

宇宙開発, 5

エネルギー変換効率, 8

カ　行

改質器, 32
架橋ポリスチレンスルホン酸膜, 5
拡散係数, 66
過酸化水素, 44
ガス拡散層, 38
カソード, 116
過電圧, 3, 23
カーボンブラック, 81

起動・停止動作, 119
起動停止動作時, 121
ギブズエネルギー変化, 2
金属錯体, 103

クラスター, 39
グラフト重合, 47
クリープ, 42
クロスリーク, 44
グローブ, 2

結晶方位, 84
結晶面説, 98

高分散触媒の比活性, 97
高分子金属錯体, 104
高分子固体電解質膜, 7
コジェネレーションシステム, 9
固体高分子形燃料電池, 5, 15
固体酸化物形燃料電池, 15, 65

サ　行

細孔フィリング膜, 60
酸素架橋配位, 104, 105
酸素濃縮, 110

ジェミニ5号, 5
自己解離反応, 70
柔粘性結晶, 65
循環型水素エネルギー社会, 2
小角X線散乱, 39
小角中性子散乱, 40
触媒被覆ポリマー, 48
触媒利用率, 99

水素結合, 67
水素–酸素燃料電池, 5
水素製造, 33
水素貯蔵, 33
スルホンイミド基, 46
スルホン酸化芳香族ポリエーテル, 52
スルホン酸化ポリイミド, 55

セパレータ, 21, 118
セパレータ材料, 117

タ 行
耐CO被毒性, 91
多電子移動, 108
短側鎖膜, 37

長側鎖型膜, 42
直接メタノール形燃料電池, 10, 15

定置用電源, 8
電圧効率, 24
電解質膜, 30
電気自動車, 8
電気分解, 4
転極, 117
電極触媒, 31
電極触媒層, 20
電池反応, 4

トリフルオロスチレンスルホン酸共重合体, 59

ナ 行
縄張り説, 98

二元触媒作用, 87
熱電供給装置, 9
ネルンスト–アインシュタインの関係, 66
燃料電池, 1
燃料電池自動車, 113
燃料電池スタック, 114
燃料電池スタック構成, 116
燃料利用率, 24

ハ 行
ハイブリッド膜, 46
パーフルオロ系スルホン酸膜, 7
パーフルオロスルホン酸膜, 37
反応生成物, 120

比活性, 97
ヒドロニウムイオン, 53, 66

フェントン試薬, 45
副生水素利用, 33
プラスチッククリスタル, 65
フラッディング, 44
プロトンキャリヤー, 66
プロトン伝導, 7
プロトンホッピング, 67
プロトン輸率, 73

ポータブル電源, 9
ポリベンズイミダゾール, 74
ポリベンズイミダゾール系電解質, 57

マ 行
膜電極接合体, 19, 31, 44, 113

無加湿形電解質膜, 63
無加湿燃料電池, 65

ヤ 行
有機無機ハイブリッド材料, 60

溶解, 119
溶融炭酸塩形燃料電池, 15

ラ 行

ラジカル, 44

律速段階, 95
粒子サイズ効果, 97

リン酸, 65
リン酸形燃料電池, 13, 65

劣化, 117

著者紹介 (50音順)

小柳津　研一 (おやいづ　けんいち)
- 1990年　早稲田大学理工学部応用化学科卒業
- 1995年　博士(工学)早稲田大学
- 現　在　東京理科大学総合研究所 助教授

篠原　和彦 (しのはら　かずひこ)
- 1979年　東京工業大学理工学研究科応用物理専攻卒業
- 1991年　博士(工学)(東京工業大学)
- 現　在　日産自動車(株)総合研究所 第二技術研究所主管研究員

西出　宏之 (にしで　ひろゆき)
- 1970年　早稲田大学理工学部応用化学科卒業
- 1975年　工学博士(早稲田大学)
- 現　在　早稲田大学理工学術院 教授

宮武　健治 (みやたけ　けんじ)
- 1991年　早稲田大学理工学部応用化学科卒業
- 1996年　博士(工学)(早稲田大学)
- 現　在　山梨大学クリーンエネルギー研究センター 助教授

吉武　優 (よしたけ　まさる)
- 1978年　京都大学大学院工学研究科博士課程修了
- 1983年　工学博士(京都大学)
- 現　在　旭硝子(株)中央研究所 統括主幹

渡辺　政廣 (わたなべ　まさひろ)
- 1966年　山梨大学工学部応用化学科卒業
- 1976年　工学博士(東京大学)
- 現　在　山梨大学クリーンエネルギー研究センター センター長 教授

渡邉　正義 (わたなべ　まさよし)
- 1978年　早稲田大学理工学部応用化学科卒業
- 1983年　工学博士(早稲田大学)
- 現　在　横浜国立大学大学院工学研究院 教授

高分子先端材料 One Point 7	編 著　高分子学会燃料電池材料研究会
燃料電池と高分子	編 集　高分子学会　　Ⓒ 2005
	発行者　南條光章
	発行所　**共立出版株式会社**
	郵便番号 112-8700
	東京都文京区小日向4-6-19
2005年11月10日　初版第1刷発行	電話 03-3947-2511（代表）
	振替口座 00110-2-57035
	URL http://www.kyoritsu-pub.co.jp/
	印　刷　啓文堂
	製　本　協栄製本
検印廃止	社団法人
NDC 578	自然科学書協会
	会員
ISBN 4-320-04369-3	Printed in Japan

高分子加工 One Point
全10巻

高分子学会編集

1 ファイバーをつくる
松井亨景・松尾達樹著……………………定価1275円(税込)

2 フィルムをつくる
松本喜代一著……………………………定価1365円(税込)

3 ポリマーを成形加工する
福井雅彦・坂上　守著……………………定価1275円(税込)

4 高分子をならべる
中山和郎・海藤　彰著……………………定価1275円(税込)

5 高分子の表面をつくる
白石久司・中村勝彦著……………………定価1275円(税込)

6 ナノメータを制御する
小島　忠・沖野芳弘著……………………定価1365円(税込)

7 ポリマー粒子をつくる
小石真純・岩崎隆夫著……………………定価1365円(税込)

8 マイクロコンポジットをつくる
西　敏夫・酒井忠基著……………………定価1365円(税込)

9 複合材料をつくる
高久　明・多田　尚著……………………定価1365円(税込)

10 新しい素材を加工する
今井淑夫・高橋善和著……………………定価1365円(税込)

【各巻】B6判・100〜130頁

(価格は税込価格。価格は変更される場合がございます。)

共立出版
http://www.kyoritsu-pub.co.jp/